上海滩涂湿地生态调查与评估

黄沈发 苏敬华 阮俊杰 谭娟 熊璇/著

中国环境出版集团·北京

图书在版编目（CIP）数据

上海滩涂湿地生态调查与评估/黄沈发等著. —北京：
中国环境出版集团，2019.1

ISBN 978-7-5111-3598-8

Ⅰ. ①上…　Ⅱ. ①黄…　Ⅲ. ①海涂—沼泽化地—
生态系—研究—上海　Ⅳ. ①P942.510.78

中国版本图书馆 CIP 数据核字（2018）第 068622 号

出 版 人　武德凯
责任编辑　殷玉婷
责任校对　任　丽
封面设计　彭　杉

出版发行　中国环境出版集团
　　　　　（100062　北京市东城区广渠门内大街 16 号）
　　　　　网　　址：http：//www.cesp.com.cn
　　　　　电子邮箱：bjgl@cesp.com.cn
　　　　　联系电话：010-67112765（编辑管理部）
　　　　　发行热线：010-67125803，010-67113405（传真）
印　　刷　北京中科印刷有限公司
经　　销　各地新华书店
版　　次　2019 年 1 月第 1 版
印　　次　2019 年 1 月第 1 次印刷
开　　本　787×960　1/16
印　　张　14.75
字　　数　250 千字
定　　价　90.00 元

　　湿地是介于陆地和水体之间的一种特殊生态系统类型，位于陆生、水生生态系统界面相互延伸拓展的过渡区域，具有强大的生态净化功能，是地球上最重要的生态系统类型之一。滩涂湿地是一种典型的湿地类型，根据《关于特别是作为水禽栖息地的国际重要湿地公约》（简称《湿地公约》），将其定义为位于河口或海岸带受海洋潮汐周期性或间歇性影响的淤泥质湿地。上海地处长江入海口，在咸淡水交汇作用下，长江携带的大量泥沙在此沉积，形成了广袤的滩涂湿地，造就了上海这座"湿地之城"。长江河口滩涂湿地不仅提供了强大的生态系统服务，而且提供了丰富的后备土地资源，是上海超大型城市可持续发展的重要战略空间。

　　近 40 年来，在自然过程和高强度人类活动的共同作用下，长江流域生态系统发生了一系列重大变化，特别是河口滩涂湿地承受着前所未有的压力，湿地面积锐减、质量下降、功能退化、生物多样性降低，生态系统健康状况受到严重威胁。本书依托作者主持开展的 2002 年原国家环保总局部署《全国生态环境现状调查》和 2010 年原环境保护部部署《全国生态环境十年变化（2000—2010 年）遥感调查与评估》的上海市调查专项，以及 2011 年上海市环境保护局立项《滩涂湿地生境调查评估与保护对策研究》和 2013 年上海市科委立项《长江口溢油事故生态环境影响评估及治理修复技术方案研究》等科研计划项目，历经十余年调查研究，基于卫星遥感数据和高分辨率航空遥感数据，结合大量的野外现场调查、定位观测和采样监测，研究了自 20 世纪 80 年代以来的上海地区滩涂湿地及其植物群落分布格局与时空动态，并结合实验分析，揭示了滩涂植物群落分布格局的一般规律及其成因。在此基础上，动态评估了滩涂湿地生态系统服务功能价值，研究建立了基于"压力-状态-响应"（PSR）模型与熵权综合指数模型的生态系统健康评价方法，对上海滩涂湿地生态系统健康状态进行了评价，进一步分析了滩涂湿地生态敏感性。本研究成果对于上海滩涂湿地可持续发展具有重要指导意义，为长江河口滩涂湿地保护与管理提供了科技支撑。

本书各章节安排如下：第1章介绍了国内外生态系统服务功能及健康评价、滩涂湿地空间格局分布研究进展；第2章介绍了研究区域概况；第3章介绍了遥感调查方法并分析了滩涂湿地分布动态变化；第4章开展了滩涂湿地生境现场调查，并从环境质量和生物资源方面对调查结果进行了分析；第5章研究了滩涂湿地植物群落时空分布格局及影响因子；第6章开展了滩涂湿地生态系统服务功能评价，并分别对总价值、单项价值及各区域价值进行了深入分析；第7章构建了基于"P-S-R"框架模型的滩涂湿地生态系统健康评价指标体系，进行了滩涂湿地生态系统健康评价，进一步开展了敏感性分析；第8章分析了湿地生态环境胁迫、面临的问题等，并提出了上海滩涂湿地保护对策；第9章给出了结论及建议。

感谢上海市环境保护局、上海市水务局和上海市绿化市容局对本研究的大力支持。本书在写作过程中得到了中国科学院生态环境研究中心、复旦大学和华东师范大学等多位专家学者的指导，他们的意见和建议给了作者很多启发；感谢中国环境出版集团的编辑团队，他们的细心工作使得本书能够顺利出版；感谢上海市环境科学研究院应用生态研究所王敏教授、王卿博士、吴建强高工、沙晨燕博士、吴健博士等全程参与项目工作，还有许多走滩涉水、割草挖泥的采样人员和实验分析人员，他们为本研究的顺利完成付出了辛勤的劳动。

作者的十余位硕士研究生持续开展了上海滩涂湿地生态系统研究，苏敬华、阮俊杰、谭娟、熊璇等相继完成了他们的研究生学位论文，并直接参与了本书的资料收集整理与部分撰写工作，其中，阮俊杰承担了第2~3章和第6章的撰写，谭娟承担了第4章、第7~9章的撰写，熊璇承担了第5章的撰写，苏敬华承担了第1章和本书的校核。

由于本研究内容的复杂性以及作者知识水平的局限性，书中难免有错误和疏漏之处，恳请广大读者批评指正。

黄沥发

2018 年 11 月于上海崇明

目 录

第1章 绪论 / 1

1.1 研究背景 / 1

1.2 国内外研究进展 / 2

1.3 研究目的及意义 / 21

1.4 研究内容 / 22

第2章 研究区域概况 / 25

2.1 自然地理环境 / 25

2.2 滩涂区域概况 / 26

2.3 滩涂发育和圈围历史 / 28

2.4 滩涂主要植被群落及其演替规律 / 32

第3章 上海滩涂湿地分布遥感调查 / 40

3.1 遥感调查方法 / 40

3.2 滩涂湿地分布动态变化 / 43

3.3 小结 / 65

第4章 上海滩涂湿地生态环境质量现场调查 / 66

4.1 调查方法 / 66

4.2 研究结果 / 68

4.3 讨论 / 88

4.4 小结 / 91

第 5 章 上海滩涂湿地植物群落时空分布及影响因子 / 93

5.1 研究方法 / 93

5.2 滩涂植物群落分布现状及成因分析 / 102

5.3 滩涂植物群落分布动态遥感分析 / 115

5.4 典型滩涂环境因子对植物群落特征空间分布的影响 / 122

5.5 小结 / 130

第 6 章 上海滩涂湿地生态系统服务功能评价 / 132

6.1 评价方法 / 132

6.2 评价结果 / 138

6.3 小结 / 156

第 7 章 上海滩涂湿地生态系统健康评价及生态敏感性分析 / 157

7.1 研究方法 / 157

7.2 滩涂湿地生态系统健康评价结果 / 165

7.3 滩涂湿地生态敏感性分析 / 177

7.4 小结 / 181

第 8 章 上海滩涂湿地保护对策研究 / 182

8.1 滩涂湿地生态环境胁迫分析 / 182

8.2 主要滩涂湿地生态环境面临的问题 / 185

8.3 重大海洋工程与产业发展对滩涂湿地的影响 / 189

8.4 滩涂湿地保护对策 / 193

第 9 章 结论与展望 / 198

9.1 主要结论 / 198

9.2 研究展望 / 203

参考文献 / 204

附录 / 217

第 1 章

绪　论

1.1　研究背景

湿地生态系统是一个水陆相互作用形成的特殊生态系统，具有陆地生态学和水域生态学所无法涵盖的特征和特性，特殊的水文状况、陆地和水域生态系统交错带作用，以及由此而产生的特殊的生态系统功能使之成为地球上最重要的生态系统之一。湿地由于具有广泛的食物链和丰富的生物多样性而被称为"生物超市"，因其对自然和人类活动产生的污水和废弃物具有天然接收器的作用而被称为"地球之肾"；在全球尺度上，湿地则被誉为"二氧化碳接收器"和"气候稳定器"。湿地为人类提供了物质生产、能量转换、水分供给、气候调节、水量调蓄、水质净化、生物多样性保育及人文等生态服务功能，是人类最重要的自然资本之一[1]。

滩涂湿地是湿地类型的一种，根据《湿地公约》的分类标准，将其定义为位于海岸带受海洋潮汐周期性或间歇性影响的淤泥质湿地，高程下限为海平面以下 6 m，根据受潮汐影响的时间和频率，又可将滩涂分为潮上带、潮间带和潮下带 3 种[2,3]。通常，为了便于研究与保护，人们重点关注潮间带，即有植物生长的潮滩及光滩。我国目前潮间带面积约 207 万 hm²，每年还新成陆面积约 3.3 万 hm² [4]，成为重要的后备土地资源。然而，由于湿地资源过度开发利用、工业化发展、城市化进程加快及片面追求经济增长的不合理的人类活动，湿地生态系统遭受着前所未有的压力，湿地资源减少，功能减退，质量下降，生态服务功能和生物多样性降低，其健康状况受到严重威胁。

我国湿地研究起步于 20 世纪 50 年代，当时湿地概念就是指沼泽，直至 20 世纪 80

年代才开始流行"湿地"这一名词。从 20 世纪 90 年代起，我国的湿地研究逐渐起步，研究领域主要集中在湿地成因和发育规律、湿地水文过程与功能分析、湿地生物地球化学、湿地生物多样性、湿地服务功能价值评估等方面[4]，对湿地保护方面开展的研究相对较少。随着现代经济社会的飞速发展导致了大面积的湿地退化、破坏甚至消失，人们保护湿地的意识才开始逐渐形成。2005 年 8 月，中央编办才正式批准成立了国家林业局湿地保护管理中心。目前我国湿地工作的主要任务是通过建立湿地自然保护区、国际重要湿地、国家湿地公园、湿地保护小区和多功能利用区的方式抢救性地保护湿地资源。

上海围绕湿地生态系统保护建有 2 个国家级自然保护区，即九段沙湿地自然保护区和崇明东滩鸟类自然保护区。近年来，随着经济、社会的迅猛发展，土地资源的过度开发利用、环境污染、生物入侵等问题不断显现，人口、资源压力越来越大，滩涂生态系统受到不同程度的干扰和影响。虽然相关部门采取了保护措施并加大了保护力度，但在取得成绩的同时，还必须看到滩涂湿地生态保护形势仍然十分严峻，环境污染、生物入侵等生态环境恶化问题依然存在。

上海作为超大城市，经济社会进入高质量发展阶段，围绕建设卓越的全球城市、具有世界影响力的社会主义现代化国际大都市的城市发展总体目标，亟须进一步加大生态环境保护工作力度，更加全面、深入地开展滩涂湿地生态保护。随着对湿地研究工作的深入，湿地工作的重心将逐步从湿地保护转向湿地管理，而湿地生态系统服务功能评价和健康评价是湿地管理的基础，研究湿地生态系统服务功能及健康评价方法能够为我国今后更好地开发利用湿地资源，以及为受损湿地生态系统恢复、重建提供科学依据[5]，并为解决全球生态环境问题、进行生态系统管理和实施可持续发展提供丰富的理论与方法。

1.2　国内外研究进展

1.2.1　湿地生态系统

湿地生态系统是陆地与水域之间水陆相互作用形成的自然综合体，处于陆地和水域之间的过渡地带，因此它也是最脆弱和最易受到干扰的生态系统。在气候变化和人类活动的影响下，湿地生态系统在近些年面临着巨大的威胁和严重的破坏，全球湿地面积也在快速缩减。

1.2.1.1　国外研究进展

据统计，自 19 世纪以来全球近一半的湿地退化，其中 64%～71%的退化发生在 20 世纪和 21 世纪初期。湿地面积的减少和湿地功能的退化，不仅仅对全球和区域生态环境造成了影响，同时也对人类社会的经济发展带来了极大危害。因此，对湿地生态系统的研究是全球生态环境问题研究的重点和热点，对湿地生态系统的保护逐渐得到国际学术界、各国政府和环境保护组织的关注。国外对湿地和湿地公园的研究开展的比较早，美国是世界上湿地分布相当广泛的国家。美国湿地研究始于 19 世纪末叶，当时 H.C.Cowles 和 T.E.N.Transeau 等少数人员研究了北部的淡水湿地和泥炭地，并且介绍了欧洲和苏联的沼泽与泥炭研究，说明当时美国湿地研究还较落后，但毕竟开始了初创时代。美国参与湿地研究工作的科学家较多，到 20 世纪 70—80 年代，湿地科学的重要性才慢慢在美国受到人们的重视。国外关于湿地科学方面最经典的理论著作是由 W.J.Mitsch 和 J.G.Gosselink 合撰的 *Wetlands*，该书长达 722 页，分序论、湿地环境、海岸湿地生态系统、内陆湿地生态系统和湿地管理等 5 个部分，是目前美国和世界上理论体系较完整、资料翔实、内容广泛的湿地专著。书中对湿地定义和分类，湿地环境和生态，湿地利用和管理均有较深入论述[1,2]。

1.2.1.2　国内研究进展

在中国，由于社会经济的飞速发展，城市化进程加快，人口增长等原因，湿地生态系统被破坏和退化的情况严重。根据 2014 年国家林业局公布的第二次全国湿地资源调查结果显示，我国湿地面积为 $5.36×10^5$ km^2（2009—2013 年），相比于 2003 年公布的第一次全国湿地资源调查结果，近 10 年间中国的湿地面积减少了 $0.34×10^5$ km^2，减少率为 8.82%。我国在对待湿地的态度方面曾走过一些弯路，但是，我国政府在湿地保护方面也作出了很大努力。2004 年 6 月 25 日国务院办公厅发布了《国务院办公厅关于加强湿地保护管理的通知》。2004 年 2 月住建部批准我国第一个国家级城市湿地公园——山东省荣成市桑沟湾国家城市湿地公园。2005 年 4 月，国家林业局批准我国第一批国家湿地公园——杭州西溪国家湿地公园和江苏省姜堰市溱湖国家湿地公园。至 2015 年 3 月，我国共有国家湿地公园 298 处，国家城市湿地公园 52 处。此外，建设部于 2005 年 2 月

2 日发布《国家城市湿地公园管理办法（试行）》，2005 年 6 月 24 日公布《城市湿地公园规划设计导则（试行）》。2008 年 3 月 27 日，国家林业局通过了由中国林业科学研究院崔丽娟研究员负责起草的《国家湿地公园评估标准》和《国家湿地公园建设规范》2 项林业行业标准。这些都促进了湿地科学的进步，普及了保护生态环境、可持续发展的理念。城市湿地公园和湿地公园建设量的增加，迫切需要相关的理论研究作为指导。我国学者对湿地的研究开始于新中国成立以后，湿地中的一种特殊类型——沼泽的概念和定义有深厚的研究。中科院长春地理研究所和东北师范大学等单位从 20 世纪 50 年代末即开始进行对沼泽地的研究，70 年代后期开始研究三江平原湿地在大规模开垦后发生的环境变化及调控对策，并提出了很多颇有价值的措施和建议。80 年代中期，孙广友等研究了川西北若尔盖沼泽在人为活动影响下的环境变化及合理开发途径等。中国林业科学研究院湿地研究中心的崔丽娟研究员，近年来对湿地的分类、湿地恢复等方面进行了大量的研究工作。原中国科学院副院长、中国科学院院士陈宜瑜先生，对湿地科学总的发展方向的把握十分准确[1-4]。

1.2.2　生态系统服务功能

生态系统服务是指生态系统及其生态过程所形成及所维持的人类赖以生存的环境条件和效用，是指通过生态系统的功能直接或间接得到的产品和服务[6]。生态系统服务是近年来才成为生态学和生态经济学的研究热点，受到社会重视的。

1.2.2.1　国外研究进展

虽然从 20 世纪 70 年代开始，人们就生态系统服务价值进行了理论和方法的探讨，但由于当时地球生态系统提供的服务绝大部分价值难以准确计量，以及缺乏相应的价值评估理论与方法体系而进展缓慢。20 世纪 70—90 年代中期，主要是对生态系统服务的概念、内涵和生态服务类型及分类进行了研究。同期，也在积极探讨有关生态资产和生态系统服务的价值评价理论和方法。这一时期的研究，为今后生态系统价值评估的开展和区域、全球生态系统服务评估框架的建立提供了重要的理论基础[7]。

1997 年是生态系统服务及其经济价值评价研究发展的一个转折点。Daily、Costanza 和 Pimentel 等[8-10]相继发表了对生态系统服务功能或经济价值的评价研究结果，掀起了生态系统服务研究的高潮，生态系统服务价值评价的理论和方法日趋成熟。美国生态学会组织了以 Gretchen Daily[8]负责的研究小组，主编了 *Nature's Service：Societal Dependence on Natural Ecosystem* 一书，比较系统地介绍了生态系统服务功能的概念、研究简史、服务价值评估、不同生物系统的服务功能及区域生态系统服务功能等专题研究，并主要从生态学基础探讨生态系统服务功能及其价值的特性，生态系统服务功能与生物多样性之间的联系。Costanza 等[9]在 *Nature* 上发表 *The Value of the World's Ecosystem Services and Natural Capital* 一文，文章指出生态系统的公益价值和产生这种价值的自然资本积累对地球生命支持系统的功能至关重要，它们直接和间接地为人类提供福利，是全球经济总价值的一部分。Pimentel 等[10]也估算了生态系统服务功能的价值，并与 Costanza 等的研究结果进行了对比。*Ecological Economics* 杂志以论坛或专题的形式汇集了有关生态系统服务功能及其价值评估的研究成果。许多学者从不同角度对生态系统的服务功能及其价值评估进行了研究，例如，淡水生态系统、城市生态系统、鱼类生态系统等的服务功能及其价值评估[11,12]。Andrew 等[13]以 Costanza 的研究为基础，利用当地更详细和准确的数据对巴西湿地的服务功能进行定性评价和重新估算，并对 Costanza 确定的各种生态系统服务功能价值进行修正。Loomis J 等[14]对受损河流生态系统服务功能恢复的总经济价值进行估算。随着"3S"技术的发展，其在生态学和生态系统服务研究上也得到了广泛应用。同时几乎所有的科学家都认为生态系统服务价值评价的最终目的是为决策者提供政策制定的依据，促进生态系统服务功能的可持续发挥[9]。

1.2.2.2　国内研究进展

我国对生态系统服务及其价值评估的研究起步较晚。1980 年我国著名经济学家许涤新率先开展生态经济学的研究，首次将生态因素与经济因素结合起来考虑。1982 年张嘉宾等采用影子工程法和替代费用法对云南地区森林资源的生态服务价值进行估算。1984 年，马世骏发表了名为《社会—经济—自然复合生态系统》的文章，它代表生态学家开始涉足经济学领域[15]。在随后的几年中，人们把研究的重点放在如何实现自然与经济的协调发展方面，并进行了大量的实践，我国南方的桑基渔田就是典型的应用实例。

1990—1995 年，我国出版了一系列关于价值研究方面的著作。1991 年李金昌的《资源核算论》和 1995 年侯元兆的《中国森林资源核算研究》系统地阐述了自然资源价值核算的理论和方法。1995 年王金南的《环境经济学》和张兰生的《实用环境经济学》代表了环境经济学理论的发展和方法研究的进展[16,17]。

20 世纪 90 年代中期至今，生态系统服务功能研究在国内已逐渐发展起来。以李文华、谢高地、欧阳志云等为主的一批科学工作者对我国生态系统价值理论研究与方法的探索做出了重要贡献，为推动这一新兴领域的发展起到了重要作用[18]。欧阳志云[19]系统地阐述了生态系统的概念、内涵及其价值评价方法，并以海南岛生态系统为例，开展了生态系统服务功能价值评价的研究工作，并于 1999 年开始对中国陆地生态系统服务功能的价值进行初步估算[20]。毕绪岱以长白山为例，对长白山自然保护区内的生物多样性经济价值进行详细的评估。郭中伟等在进行实地观测的基础上，对神农架地区森林生态系统服务价值进行系统评估[21]。薛达元利用环境价值核算方法，对长白山森林生态系统的间接经济价值进行相应估算，并首次使用了条件价值法对森林生态系统的保护生物多样性功能进行价值评估[22]。谢高地等采用 Costanza 的方法，并用生物量对中国草地生态系统的各项服务功能单价进行修正，得出中国草地生态系统每年的服务价值为 1 497.9 亿美元[23]。

从我国目前的研究现状来看，生态系统服务功能的研究还处于初级阶段，多数研究尚处在理论水平，在区域尺度进行研究的对象比较单一，功能范畴方面的考虑也不够全面；在估算方法上，大多直接引用国外的研究方法或者直接套用国外的标准[24]。由此可见，在我国尽快开展生态系统服务功能及其生态经济价值的研究，为生态环境保护与建设提供决策依据，是实现区域可持续发展亟待解决的重要课题之一。

1.2.3　生态系统健康与评价

环境问题在对人类赖以生存的自然生态系统造成了严重破坏的同时，也对人类自身的健康构成了极大的威胁。在寻求实现自然生态系统和人类生存的同步持续时，就诞生了生态系统健康学。将"健康"概念应用于生态系统，意味着生态系统的服务功能和健康已经成为人类关心的主要问题。

1.2.3.1　生态系统健康概念

"健康"一词用于生态系统最早出现在 20 世纪 40 年代，Leopold[25]提出土地健康的概念。Rapport 等[26]在 20 世纪 70 年代末提出了"生态系统医学"的概念，认为对于受到损害的生态系统应该进行整体诊断评价。随后又出现了"生态系统健康"的概念。早期的学者主要从生态系统自身的健康观对生态系统健康进行定义，认为生态系统在面对干扰时，具有恢复能力，则该生态系统是健康的[27]。另一些学者[28,29]则认为生态系统健康就是生态系缺乏疾病，而疾病是指生态系统组织受到损害或减弱。之后，在缺乏疾病的基础上，Holling[30,31]等又补充了稳定性、活力和可持续性作为生态系统健康的标准。随着生态学的不断发展，许多学者认为研究生态系统健康不仅要从生态系统自身出发，还应考虑生态系统为人类提供服务的功能，Meyer[32]提出健康的生态系统既具有自我维持与更新的能力，还能满足人类的合理要求，即包括人类与社会价值。虽然到目前为止，关于生态系统健康的概念，学术界还没有普遍公认的观点，但可以看出这一概念从提出到逐步完善都蕴含着两层意思：一是生态系统本身健康可持续的发展演化；二是生态系统更好地发挥服务功能，促进人类的生产与可持续发展。

随着生物多样性减少、土地退化、水体污染、全球变暖等一系列环境问题出现，生态系统健康评价作为一种协调环境可持续发展和人类自身福祉的范式，受到各阶层关注，并被认为是人类社会可持续发展的根本保证。由生态系统健康定义可看出，生态系统健康评价主要包括：评价生态系统自身的各项生态指标，如生物多样性、生态系统的结构、活力、恢复力等；评价生态系统中的各项环境指标，如污染物水平等；评价生态系统健康与人类社会经济发展之间的关系，如社会稳定性、经济发展水平等。在对生态系统健康各项指标进行评价之后，还应分析原因，找出是人类活动还是自然因素对生态系统健康造成影响，进而有助于管理者采取相应措施对生态系统进行管理。其研究框架如图 1-1 所示。

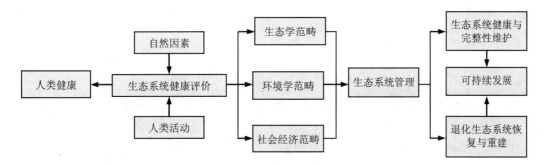

图 1-1　生态系统健康评价的研究框架

1.2.3.2　生态系统健康评价研究方法

（1）指示物种评价法

指示物种评价法是由 Leopold[33]提出的，是指采用一些指示类群来监测生态系统健康的方法。

指示物种评价法，首先是确定生态系统中的关键种、特有种、指示种、濒危物种、长寿命物种和环境敏感种，然后采用适宜的方法测量其数量、生物量、生产力、结构功能指标及一些生理生态指标，进而描述生态系统的健康状况[34]。指示物种评价法包括单物种生态系统健康评价和多物种生态系统健康评价[35]。

指示物种法评价生态系统健康的关键在于指示物种的选取。一般来说，选择指示物种时应遵循以下原则：①代表性，所选物种必须能够典型代表该生态系统的健康状况，可以是该生态系统中的关键种、特有种、指示种、濒危物种或环境敏感种等；②有效性，当单一物种不能完全指示生态系统健康状况时，可以考虑选取多指示物种，以确保评价的准确性；③可操作性，在兼顾评价效果的同时，还应考虑实践活动的成本、可操作性和实用性。

指示物种法简便易行，针对性强，能够简单、明确、快捷地指示生态系统健康，因此在一些特定生态系统评价中得到了广泛应用（表1-1）。但由于指示物种的筛选标准及其对生态系统健康指示作用的强弱不明确[36]，并且未考虑人类健康和社会经济等因素，难以全面准确地反映生态系统健康状况[37]，如 Boulton[38]在研究中发现指示物种一般都具有较强的移动能力，对胁迫的耐受程度比较低，其变化与整个生态系统变化的相关性很小。此外，指示物种的一些监测参数的选择不恰当，也会给生态系统健康评价带来偏差[39]。因此，指示物种法比较适用于一些简单自然生态系统的健康评价，而不适用于人类活动主导的复杂生态系统的健康评价。

表 1-1　指示物种评价法的实践阶段案例

案例	生态系统类型	指示物种	来源
北美大湖区生态系统健康评价	湖泊生态系统	银大马哈鱼	[40]
清洁水生环境质量评价	水生生态系统	蜉蝣目、积翅目、毛翅目昆虫	[41]
内蒙古草原生态系统健康评价	草原生态系统	旱黄梅衣	[42]
北美森林生物多样性评价	森林生态系统	大陆火蜥蜴	[43]

案例	生态系统类型	指示物种	来源
河流生态系统健康评价	河流生态系统	鱼类、硅藻、大型无脊椎动物	[44]
河口潮滩生态系统健康评价	滩涂生态系统	底栖动物	[45]
青海湖生态系统健康评价	湖泊生态系统	浮游动植物	[46]
瑞典溪流生态系统健康评价	河流生态系统	底栖无脊椎动物、叶片凋落物	[47]
新西兰自然保护区生态系统健康评价	森林生态系统	蜘蛛	[48]
红树林健康状况评价	湿地生态系统	海蛙	[49]

（2）指标体系评价法

指标体系评价法是通过建立一系列指标体系，并对其进行评价以描述生态系统健康状况的方法。

首先，指标体系评价法评价生态系统健康首先要选用能够表现生态系统主要特征的指标，包括生态系统的结构、功能和过程指标等；其次，对这些指标进行归类区分，分析各个指标对生态系统健康的指示意义；再次，对这些特征因子进行度量，确定每个特征因子在生态系统健康中的权重系数；最后，建立生态系统的评价体系，对生态系统健康进行评价。

由于生态系统是不断变化着的，因此衡量生态系统健康的标准也应具有多尺度、动态的特性。选取生态系统健康评价指标时，应综合考虑生态、经济、社会 3 方面要素。Blamey 等[50]曾建议把社会需求、政策和测度作为选择评价指标的标准。综合考虑，评价指标的具体选择依据为[51]：①整体性，任何一个生态系统都是由多个组分组合而成的整体，因此，必须从整体上考虑影响区域生态的各个因子；②敏感性和主导性，选取的指标应具有敏感性和主导性，能直观全面地反映生态系统的健康状况；③可操作性和可度量性，在选取指标时，应尽可能考虑数据的易获性和可采集性，且其优劣程度应具有明显的可度量性，可用于评价单元间的比较分析；④所选取的指标不仅能够反映系统受压迫的程度，还应能区分出压迫的原因，是人为压力还是自然干扰，这对于确定系统的管理措施是极为重要的。

生态系统健康评价是否能够及时、准确地反映生态系统健康状况，关键取决于评价指标的选取。结合国内外研究进展，可以把生态系统健康指标体系分为生态指标、物理化学指标[52]及服务功能指标。其中，生态指标包括系统综合水平、群落水平、种群及个体水平等，可用来体现生态系统的复杂性，反映生态系统特征和状态；物理化学指标是检测生态系统非生物环境的指标；服务功能指标着眼于生态系统对人类生存与社会发展的支持作用，主要是通过采用经济参数和社会发展的环境压力指标等来衡量的。

指标体系法评价生态系统健康存在一定缺陷：①指标量化缺乏整齐性，一般生态指标与物理化学指标较服务功能指标容易定量；②容易重复评价，一些生态指标与物理化学指标存在着一定程度的相互交叉，此外，结构指标与功能指标也多有重复[53]。但是，采用指标体系法也有其明显的优点：①综合了生态系统的多项指标来反映生态系统过程，从生态系统的结构、功能演替过程，生态服务和产品服务的角度来度量生态系统健康；②强调了生态系统为人类的服务，及其与区域环境的演变关系，同时也反映了生态系统的健康负荷能力及其受胁迫后的恢复能力；③反映了生态系统不同尺度的健康评价转换。因此，指标体系法在生态系统健康评价中的得到了广泛应用（表 1-2），成为组织结构复杂的生态系统，如区域生态系统健康评价的主要方法[54]。

表 1-2　指标体系评价法的实践阶段案例

案例	生态系统类型	指标体系	来源
河流健康评价	河流生态系统	RCE（Riparian，Channel and Environmental Inventory）指标体系	[55]
天然草原可持续管理指标	草原生态系统	社会、经济和生态指标体系	[56]
亚高山针叶林生态系统健康评价	森林生态系统	生态、社会经济指标体系	[57]
长白山阔叶红松林生态健康评价	森林生态系统	自然、社会经济指标体系	[58]
南非水生生态系统健康评价	水生生态系统	河口鱼群落指数（Estuarine Fish Community Index，EFCI）指标体系	[59]
海洋生态系统健康状况评价	海洋生态系统	DPSIR（Driving Force，Press，State，Impact and Response）指标体系	[60]
意大利西西里湖泊群生态系统健康评价	湖泊生态系统	生态系统健康指数	[61]
河流健康评价	河流生态系统	生物指标体系	[62]
澳大利亚大堡礁健康观测指标	珊瑚礁生态系统	生态系统关键响应过程指标体系	[63]
崇明东滩、九段湿地生态系统健康评价	湿地生态系统	压力-状态-响应（PSR）指标体系	[64]

（3）生态系统健康评价方法的热点概述

生态系统具有热力学开放、不同物种组成、高度时空异质性，以及各组分间的非线性关系等特点，是一种极为复杂的系统。持续快速的经济增长和强大的人口生计需求使生态系统承载着巨大压力，其健康状态也越来越受到重视。传统的生态系统健康评价方法，没有突出不同生态系统类型的独特属性，已不能满足人类准确认识生态系统健康状态以期为生态系统管理提供合理依据。

目前，"埃三级"理论被广泛用于评价生态系统健康，尤其是将"埃三级"理论与生态结构动态模型（SDMS）结合起来，使生态系统研究从一般性描述到定量化成为可能。Zeren[65]指出该方法在生态评价、参数估计、模型校准及解释和预测生态系统功能方面具有一定优势，尤其适用于解决生态修复方面的具体问题。Jessica 等[66]提出整体生态系统健康指标（Holistic Ecosystem Health Indicator，HEHI），将生态、社会和经济指标合并成单一的生态系统健康综合指数，对苏格兰阿伯丁郡的 Ythan 河口流域进行了健康评价，并提出整体生态系统健康指标对生态系统管理是至关重要的。P. Muniz 等[67]采用不同的底栖生物指标对蒙得维的亚沿海区域的生态系统健康进行评价，并同 10 年前仅采用有机污染物指标的评价结果进行比较，更好地反映区域的营养和环境健康状况。Jeong-Ho Han 等[68]将营养网络分析与生态系统健康评价结合起来，对生态系统受到干扰的来源、类型及途径进行识别，描述了韩国湖泊生态系统的营养结构和能量流。由此可见，目前生态系统健康评价的热点一方面在于选取更具代表性的指示物种，另一方面则是结合指标体系建立网络模型，使指标的获取更为便捷，使量化成为可能。

生态系统健康评价经历了近 10 年来的迅速发展，虽然已取得一定成果，但由于生态系统健康研究本身的复杂性，且不同生态系统内部的结构与过程差异较大，这就导致了生态系统健康评价的复杂性、多学科综合性和多因子的系统性。不同学者对生态系统健康评价的研究尤其是对生态系统健康的标准及其度量有着不同的看法，生态系统健康评价正在不断的争论中完善和发展。今后的研究方向主要有：①建立一套区别健康和病态生态系统的严格标准；②如何将定性评价与定量分析有效结合，将是今后生态系统健康研究的一个重要课题；③建立胁迫与生态系统产生病变行为（症状）的对应关系尤为重要；④影响生态系统健康的原因及其在多大程度上影响生态系统健康，需要进一步的论证和总结；⑤结合"3S"技术（RS、GIS、GPS）和生态系统研究网络等定量化技术，提高对大尺度生态系统健康的分析、评价和预测能力；⑥开发出具有理论依据的评价方法并在实践中逐步完善。总之，生态系统健康评价应该以生态学、经济学和人类健康研究为基础，加深理解人类活动、环境变化和生态服务之间的关系，以及由此造成的对经济发展和人类健康的影响，将人类的文化价值取向与生物生态学过程结合起来，并在文化、道德、政策、法律法规的约束下，实施有效的生态系统管理，以实现生态系统及人类自身的可持续发展。

1.2.4 滩涂植物群落

作为生态系统中的生产者，植物群落的改变将直接影响着整个生态系统的结构与功能，因此，植物群落学也是植物生态学中的重要分支学科，其研究内容是植物群落的组成、结构、种间相互作用、分布、演替以及与环境之间的关系。认识滩涂植物群落的分布格局、时空动态及其影响因素，是研究滩涂生态系统的基础与关键。

1.2.4.1 滩涂植物群落的空间分布

滩涂生态系统中环境梯度明显、物种组成相对简单，且植物群落普遍沿高程呈明显的带状分布[69-72]。

Boorman[73]根据英国及欧洲部分滩涂受潮汐影响的频率与植物群落结构，将完全自然状态下的滩涂植物群落沿高程由低到高分成 5 个带。

（1）先锋植物带，除小潮最低潮外的其余时间均受潮汐影响，通常是由米草属（*Spartina* spp.）、盐角草属（*Salicornia* spp.）或碱菀（*Aster tripolium*）等形成的稀疏群落（Open Community）。

（2）低潮滩，大多数时间受潮汐影响，通常是由海滨碱茅（*Puccinellia maritime*）或海马齿苋（*Atriplex portulacoides*）形成的郁闭群落。

（3）中潮滩，在大潮时受潮汐影响，通常是由补血草属（*Limonium* spp.）或车前草属（*Plantago* spp.）植物形成的郁闭群落。

（4）高潮滩，仅在大潮最高潮时受潮汐影响，通常是由紫羊茅（*Festuca rubra*）、海石竹（*Armeria maritima*）及偃麦草属（*Elytrigia* spp.）等混生形成的郁闭群落。

（5）过渡带，仅在风暴潮时偶尔受到潮汐影响，植物群落类型介于盐生植物与非盐生植物组成的过渡类型。

　　实际上，由于多数海岸均建有堤坝，所以在一些典型的滩涂中并不存在高潮滩与过渡带，因此在 Boorman[73]的滩涂植物分带模型中（图 1-2），仅有先锋植物带、低潮滩与中潮滩。

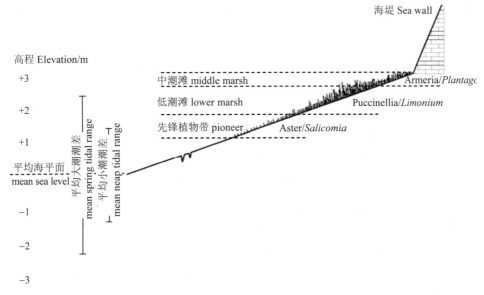

图 1-2　英国滩涂植物群落分带模式图

　　不同地区的植物群落空间分布模式大致相同，其主要特点均为从高程较低处耐盐耐淹的先锋植物逐渐过渡到高程较高处的中生植物，但由于气候、水文等条件的不同，世界各地不同滩涂植物群落带状分布格局也呈现出不同的特点。例如，亚寒带的阿拉斯加滩涂植物群落分成靠近海湾、潮沟的泥滩植被和靠近内陆的苔草植物群落；在地中海型气候的南加州，中低潮带是弗吉尼亚盐角草（*Salicornia virginica*），中高潮带是弗吉尼亚盐角草（*Arthrocnemum subterminale*），再往上则形成因盐度过高而无植被生存的空地[69]；美国新英格兰滩涂属于温带大陆性气候，随着滩涂高程的逐渐升高，形成了互花米草（*Spartina alterniflora*）带—狐米草（*S. patens*）带—杰拉德氏灯心草（*Juncus gerardi*）带——年生假苍耳（*Iva frutescens*）带这一植物群落分布模式[74]；在亚热带季风气候的我国长江口滩涂，低潮滩为海三棱藨草（*Scirpus mariqueter*）群落，在中高潮滩为互花米草或芦苇（*Phragmites australis*）群落[75]。

　　近年来，滩涂植物群落分带的纬度变异成为新的研究热点。高纬度地区气候复杂多变，一般来说，植物的遗传多样性较大，适应范围也较大，同时，物种分布范围的重叠程度也随纬度升高而增大[76]。气温会影响悬浮颗粒沉降、营养循环和泥炭积累，并最终改变分带格局[77]。环境因子的相对重要性也会随纬度而变化，例如，低纬度地区气温高、水分蒸发量大、盐度高，盐度成为相对重要的胁迫因子；而在高纬度地区，淹水则通常是最主要的决定因子[78]。

1.2.4.2 滩涂植物群落的演替

在研究方法上，由于植物群落演替与空间分布格局往往具有一定的联系，所以在研究滩涂植物群落演替时也通常与其群落结构上的带状分布一起探讨[79,80]。

从演替的过程上看，群落演替可分为自发演替与异发演替，前者是指由生物自身改变了环境而引起的演替；后者指为环境变化引起生境改变时发生的演替[81]。

在海岸线相对较为稳定的滩涂，植物群落的演替多属于自发演替。滩涂植物种群的建立通常可以导致潮水流速减缓，增加泥沙的淤积，从而使滩涂抬高，而滩涂高程的增加又形成有利于其他植物生长的生境，通过竞争排斥，又形成新的植物群落，这是自发演替的基本过程。在高程较低的滩涂，植物密度较低，潮汐动力较强，植物群落无法有效促进泥沙淤积，因此，该区域植物群落的演替基本处于停滞状态；而在高程较高的滩涂上，由于较少受到潮汐影响，泥沙来源少，因此，植物群落也基本上处于稳定。同时，滩涂植物群落对环境变化有一定的缓冲能力，因此当环境变化不大时，不同高程滩涂上的植物群落也能基本保持稳定[40]。所以，在滩涂中，这类带状分布的植物群落也是顶级群落。此外，滩涂植物的繁殖体可随潮汐漂流，因此其扩散较快。滩涂植物多为一年生或多年生草本植物，达到演替顶级群落的时间也相对较短[82]。

在有些区域，特别是靠近大型河口的三角洲滩涂，由于大河的输沙量较大，滩涂总体上处于不断淤涨中，植物群落也随之发育、演替，这类演替属于异发演替。比较典型的如我国的长江口滩涂[75]，英国的法尔（Fal）河口滩涂[82]等。由于滩涂的不断淤高，演替受滩涂发育驱动，因此植物群落沿高程上的空间分布序列一定程度上可以代表演替上的时间序列。

在滩涂中较为常见的异发演替为次生演替。例如，风暴潮入侵导致的部分潮上带植物大量死亡[73]；再如，在一些滩涂的中潮带，受到潮汐影响的频率相对不高，当蒸发量较大时，盐度会迅速增加，形成植物无法生长的区域——干滩涂（又称盐盘），导致植物死亡，随后发生从耐盐植物开始的次生演替[74]。此外，人类干扰，也是导致滩涂植物群落次生演替的常见因素[83]。

1.2.4.3 影响滩涂植物群落分布的因素

滩涂植物群落的分带，是非地带性的，通常是与小尺度上明显的环境梯度有关。对于滩涂植物群落分带机制的研究，从早期强调非生物因子，如盐度、淹水、营养等因子的影响[84]，到后来主要研究生物因子与非生物因子的相互关系及其对植物群落的影响。目前对滩涂植物群落分带机制的研究主要集中在美国新英格兰地区、路易斯安那州及加利福尼亚州的旧金山海湾等地。

关于滩涂植物群落分带现象的形成机制，目前的研究通常认为，河口滩涂植物群落的带状分布是生物因子与非生物因子相互作用的结果。滩涂是一种环境高度异质的生态系统，在潮汐有规律的影响下，与潮汐密切相关的非生物因子如盐度、淹水的时间与频度、养分有效度、土壤颗粒度、溶氧度、pH、氧化还原电位（简称 ORP 或 Eh）等往往都沿高程呈现出梯度变化，也造成了滩涂生物因子的梯度变化[85-87]。在高程较低的滩涂，潮汐的影响较大，植物群落的分布主要受高盐、缺氧等环境胁迫的影响；而随着高程的升高，环境胁迫逐渐减小，植物群落的分布主要受生物因子如植物的种间竞争、菌根真菌、食草动物的取食等因素的影响[88-90]。

（1）非生物因子的影响

除了气候、温度等生态因子外，在较小的空间尺度上影响植物分布的非生物因子有很多，根据这些因子对植物的影响，可将滩涂中的非生物因子分为条件与资源[91]两类。条件与资源都是可以影响生物个体生长、种群发育或整个生态系统功能的生态因子。条件与资源是一个相对的概念，条件是可以被改变而不能被消耗的[92]，例如，土壤盐度、pH、湿度、温度等；而资源是指被生物种群利用或消耗后可以增加种群增长速率的生态因子[93]，如光照、营养等。

①条件性因子

条件是影响植物在滩涂上分布的重要因子，淹水和盐度是滩涂生态系统中两个重要条件。对滩涂植物而言，频繁和长时间的淹水与高盐度是最重要的两种胁迫。

对植物而言，淹水本身并不是胁迫，但是长时间、高频度的淹水可以降低土壤含氧量并降低土壤养分的可利用度，从而限制植物的生长。尽管滩涂植物一般都具有比较发达的通气组织，但淹水所导致的缺氧环境仍然可以显著影响植物在滩涂上分布[94,95]。

在滩涂中，通常用ORP来衡量土壤的氧化度。在含氧量低的缺氧环境下，土壤还原性较强，ORP较低。可见，受水淹时间越长，ORP通常也越低，而随着高程的升高，潮汐的影响逐渐减弱，被潮水浸没的时间与频度逐渐减少。因此在大多数滩涂，土壤ORP沿高程升高而升高[95]。但是，在有些水文条件复杂的滩涂，并没有呈现出上述规律。在有的滩涂，随着高程的升高，水动力作用减小，沉积物的颗粒度随之而降低。土壤颗粒度的梯度变化，导致了土壤通气性与持水力的梯度变化。颗粒度大的土壤，持水力较差，而通气性较好。因此，在土壤颗粒度大的低潮滩与受潮汐影响较小的高潮滩土壤ORP均较高，而在受潮汐影响较频繁、土壤颗粒度又较细的中潮滩ORP均较低。

土壤的高盐度是滩涂中的另一个主要胁迫。盐度可以决定植物所处的渗透压，对滩涂植物种子的萌发[96]、光合作用及生长[19]等生理过程均有显著影响。由于不同植物对盐度具有不同的耐受力，因此滩涂植物的分布往往还受滩涂土壤的盐度影响。

滩涂土壤的盐度除受潮汐频度影响外，还受蒸发量、降雨等气候作用影响，因此盐度随高程的变化较为复杂。滩涂土壤水分的蒸发可导致土壤盐度增加，在高程较低的滩涂，受潮汐影响较大。由于潮汐对土壤水分的补充，因此，在平均高潮位（Mean High Water Level，MHWL）以下时，沿海滩涂土壤盐度随高程的升高而增加，而在MHWL以上时，由于雨水的淋溶作用，土壤盐度随高程升高、潮汐影响减弱而降低[97]。在河口地区，滩涂土壤的盐度除了受潮水影响外，还受上游来水的影响，当径流量减少时，滩涂土壤盐度升高。

气候条件也是影响滩涂植物群落分布的重要因素。滩涂植物群落的分带是非地带性的、小尺度的，所以由纬度不同造成的温度差异并不是影响植物分布的主要因素。但是，在不同纬度下，气候条件不尽相同，植物对非生物因子的适应性及种间竞争关系也会随之发生改变，因此不同纬度的滩涂植物群落也呈现出不同的特点[98-101]。

②资源性因子

滩涂土壤的养分有效性是影响植物分布的一个重要因子。由于高潮滩潮水带来的营养补充较少，可利用氮含量较低[102]。沿海滩涂由于经常可以受到海水的补充，营养相对富集，但沿海滩涂上仍然可能存在营养限制[103,104]。由于河流富营养化程度较高，因此，河口区滩涂的营养限制大为缓解[105-107]。滩涂营养条件的改变，可能改变滩涂植物之间的竞争结果，从而对植物群落的分布与群落结构产生深刻影响。在新英格兰地区的滩涂，氮素的增加使互花米草在与狐米草的竞争中占据了优势，而狐米草则排挤了原先的竞争优势种杰拉德氏灯心草（*Juncus gerardi*）。导致竞争结果改变的主要原因有两点：其一，植物对氮的利用效率有差异；其二、互花米草的生物量分配更倾向于地上部分，而营养条件的改善减弱了地下竞争强度，使互花米草具有竞争优势[108]。

滩涂的大部分区域水分供应比较充足，并不是一种限制性资源。然而，在潮汐不能经常淹到的高潮带，夏季土壤表层的失水会十分严重，此时水分供应对于抗旱能力较弱的植物显得尤为关键。此外，干旱还会加剧盐胁迫对植物营养吸收的负面影响[109]。

光照也是相对比较重要的资源型因子。当地下资源比较丰富的时候，植物对光的竞争占据主导地位，使地上生物量分配较多的物种占据竞争优势，从而对植物群落的分带产生重要影响[110]。

胁迫与资源往往还会通过其间的交互作用来影响滩涂植物的分布。同时，植物对氮素的吸收还受盐度、淹水等因子的影响。通常来说，随着环境胁迫的增加，即在高盐、缺氧、高硫浓度下，植物对氮素的吸收会受到一定的抑制[111-113]，从而进一步影响到滩涂植物之间的竞争结果。

（2）生物因子的影响

在对滩涂植物群落的研究中，很多学者不再单纯考虑非生物因子的影响，而更多研究的是滩涂植物群落中生物因子的作用，探讨群落内部各物种间的相互关系，并试图从这一角度来揭示植物群落分带的生态学机制。

①植物间的相互作用对滩涂植物群落分布的影响

竞争排斥与促进作用是滩涂植物群落之间常见的种内、种间关系，对滩涂植物群落结构有重要的影响。

对于滩涂植物而言，竞争能力和胁迫耐受力之间常常存在着权衡，当物理胁迫较小时，胁迫耐受力较强的物种竞争能力往往相对较弱。在滩涂中，随着高程的升高，受潮汐影响逐渐减少，滩涂植物的竞争能力逐渐成为决定植物分布的关键因子，而竞争能力较弱的物种只能分布在高程较低、竞争优势种无法生存的滩涂上。例如，Wang 等[114]探讨了互花米草与芦苇在不同环境下的种间关系，结果表明，环境因子可以改变互花米草与芦苇的竞争结果，互花米草在强淹水与高盐度下具有竞争优势而芦苇在淹水较弱与低盐环境下具有竞争优势，因此，芦苇通常分布在高程相对较高的滩涂而互花米草则分布在中、低潮滩。

滩涂植物中的促进作用通常发生在胁迫较强的低潮滩，包括种内与种间的促进作用。以互花米草为例，互花米草高度发达的通气组织可为其根部提供足够的氧气，也可提高其根围土壤的溶氧度[115]，而土壤溶氧度的提高，又有利于邻近互花米草植株的生长，因此在滩涂低潮带互花米草斑块的扩大有利于其对缺氧环境的耐受，进而增加其入侵成功的机会[116]。此外，由于花粉的限制，在滩涂前沿或者互花米草群落边缘，其种子生产量较少，而随着种群或密度的增加，种子生产量则明显增加[117-119]，也就是说，互花米草的有性繁殖成功率需要由种内促进作用支持。

在低纬度地区的中潮带，由于气温较高，水分蒸发量大，土壤盐度也较高，导致植物无法存活，随后发生从耐盐植物开始的次生演替。在此过程中，种间促进作用十分重要：耐盐的先锋物种侵占空白斑块后形成遮阴，减少蒸发，使土壤盐度下降，从而促进了其他竞争优势种的定植。

竞争和促进作用是相互关联的，也可相互转换。有研究发现，互花米草的消浪作用可以促进互花米草群落外部草本植物的定居和生长[120]，但在群落内部，互花米草则会对这些物种产生竞争排斥[121]。种间关系还会沿环境梯度发生改变，胁迫严重的区域表现为促进，而环境适宜的区域则表现为竞争。

②其他生物对滩涂植物群落分布的影响

目前，大量研究集中在滩涂植物对鸟类、昆虫、鱼类、底栖动物及微生物群落的影响，而只有少量工作研究动物、微生物对滩涂植物群落结构的影响。

通常来说，植食性动物对滩涂植物的取食往往可以抑制植物的营养生长或繁殖能力，从而进一步影响滩涂植物群落。玉黍螺（*Littoraria irrorata* Say）、美东尖耳螺（*Melampus bidentatus* Say）、大西洋带肋沼泽贻贝（*Geukensia demissa* Dillwyn）等对互花米草叶片的直接取食能强烈抑制其生长[122]。同翅目昆虫 *Prokelisia marginata* Van Duzee（*planthopper*）取食互花米草的韧皮部，对互花米草种子的生产量有一定影响，进而限制其扩散[123]。并非所有植食性动物的取食都对滩涂植物有害。我国长江口地区的海三棱藨草种子被一些雁鸭类取食后，种子的萌发能力得到显著提高，鸟类对种子的取食还有利于海三棱藨草种群的扩散。

已有的研究表明，哺乳动物、昆虫、底栖动物等植食性动物的选择性取食可以改变滩涂植物之间的竞争或似然竞争的竞争结果，从而进一步改变滩涂植物群落的结构。在美国马里兰州 Assateague 岛的滩涂中，野马选择性地取食互花米草，使其在与盐草（*Distichlis spicata*）的竞争中处于劣势，从而进一步改变了该区域的植物群落结构[124]。新英格兰的罗得岛滩涂中，狐米草和盐草（*Distichlis spicata*）的花和种子被草螽属昆虫盐沼草螽（*Conocephalus spartinae*）大量取食，有性繁殖受到严重影响，而同一生境中的互花米草和灯心草受到的取食压力较小，可以有效地进行种苗更新[125]。

　　滩涂植物群落中微生物的作用也较为复杂：其一，对滩涂植物的致病作用。在 Willapa 海湾发现麦角菌[*Claviceps purpurea*（Fr.）Tul.]能够感染滩涂中的禾本科植物并使之染上麦角病，降低植物种子生产量，从而限制其扩散[126]。其二，增加滩涂植物群落的养分供给。例如，互花米草群落中固氮微生物对氮素的供给有着重要作用，有一些与互花米草共生的固氮生物，如附生在死亡的互花米草植株上的蓝藻及其根际固氮菌，具有较高的固氮效率，这就意味着早期互花米草群落中的氮素限制会随着群落的逐渐发育而降低[127]。另外，菌根真菌对滩涂植物的生长也有一定的促进作用。在沿海滩涂中，菌根真菌的生长受到一定抑制，而丛枝菌根对滩涂植物根部的侵染率也很低，尽管如此，菌根真菌的存在仍然可以显著提升植物在磷限制下的养分吸收[128]。

　　滩涂植物群落结构通常不单纯是由非生物因子或者生物因子决定的，二者之间通常还存在着相互作用。当胁迫减小或资源限制改善时，植物间的竞争强度往往会增加，植物的分布也主要取决于竞争结果[129]。

1.2.5　遥感技术在滩涂湿地空间格局中的应用

　　遥感（Remote Sensing，RS）是通过人造地球卫星上的遥测仪器把对地球表面实施感应遥测和资源管理的监测（如树木、草地、土壤、水、矿物、农家作物、鱼类和野生动物等的资源管理）结合起来的一种新技术[130]。遥感利用遥感器从太空或空中来探测地面物体性质，根据不同物体对波谱产生不同响应的原理，识别地面上各类地物，也就是利用地面上空的飞机、飞船、卫星等飞行物上的遥感器收集地面数据资料，并从中获取信息，经记录、传送、分析和判读来识别地物[131,132]。

1.2.5.1　遥感技术特点

　　遥感技术的特点归结起来主要有以下 3 个方面[130]。

　　（1）探测范围广、采集数据快。遥感探测能在较短的时间内，从空中乃至宇宙空间对大范围地区进行对地观测，并从中获取有价值的遥感数据。这些数据拓展了人们的视觉空间，为宏观地掌握地面事物的现状情况创造了极为有利的条件，同时也为宏观地研究自然现象和规律提供了宝贵的第一手资料。这种先进的技术手段与传统的手工作业相比是不可替代的。

（2）能动态反映地面事物的变化。遥感探测能周期性、重复地对同一地区进行对地观测，这有助于人们通过所获取的遥感数据，发现并动态地跟踪地球上许多事物的变化。同时，研究自然界的变化规律。尤其是在监视天气状况、自然灾害、环境污染甚至军事目标等方面，遥感的运用就显得格外重要。

（3）获取的数据具有综合性。遥感探测所获取的是同一时段、覆盖大范围地区的遥感数据，这些数据综合地展现了地球上许多自然与人文现象，宏观地反映了地球上各种事物的形态与分布，真实地体现了地质、地貌、土壤、植被、水文、人工构筑物等地物的特征，全面地揭示了地理事物之间的关联性，并且这些数据在时间上具有相同的现势性。

1.2.5.2　遥感技术应用

遥感技术已经成为地表覆被及其组成信息的主要来源，并且已经成功运用于植被分类和制图[133-135]。结合地理信息系统（Geographic Information System，GIS）和全球定位系统（Global Positioning System，GPS）遥感技术现已广泛应用于海岸带资源调查、资源与环境动态监测、生态系统健康评价及滩涂植被覆盖情况研究[136-140]。遥感卫星对地观测系统具有独特的宏观、快速、动态、综合的优势，所以在大尺度的滩涂资源调查中，它具有不可比拟的优势。同时，遥感具有实时性、大面积监测等特点，可为滩涂资源的宏观定量调查提供一种方便和重要的现代化手段。

过去的 30 年，随着遥感技术的快速发展，传感器识别能力的增强，遥感已经成为湿地识别，湿地生境监测的重要工具之一。由 John & Lyon 主编的专著 *Wetland Landscape Characterization* 详细阐述了应用地理信息系统、遥感来进行湿地景观特征的定性描述和定量分析，是湿地研究中应用"3S"技术等现代化手段的专著之一。对海岸带景观格局和土地利用与土地变化（LUCC）及引起该变化的驱动力，国内外学者已做了大量的研究[141]。在此基础上，很多学者在遥感和地理信息系统的支持下，研究如何有效地进行海岸带资源与环境综合管理和海岸带开发利用决策[142]。国内一些学者也对海岸带滩涂资源进行了大量的研究，彭建等[143]从景观生态学的角度，结合我国实际将沿海滩涂划分为泥滩、沙滩、岩滩和生物滩 4 大基本类型。沿海滩涂是一种典型的开放系统，具有对干扰敏感、边缘效应明显、自然要素空间集聚、空间动态迁移、空间异质性显著和地域分异 6 大景观生态特征，并据此提出沿海滩涂开发的基本准则。而在人类活动较频繁、人口密度较大的河口三角洲地带，滩涂湿地的植被演替及其生态效益已受到越来越多的学者的关注。尤其是近年来，随着"3S"技术的发展，使滩涂植被资源的实时动态监测成为可能。叶庆华等[144]从遥感影像数据和专题矢量数据中提取了四期黄河三角洲新生湿地土地覆被数据，采用区域质心函数计算 4 个时期 9 类覆被的分布重心，并合成土地覆被重心演替过程图谱，通过图谱分析，归纳出湿地植被演替的 3 种模式，即陆进模式、海退模式及人类活动影响模式，为认识新生湿地植被演替规律及人类活动的影响机制、制定湿地保护措施提供了参考依据。

目前对于利用遥感技术定量分析海岸带湿地的研究也集中在典型地物的高光谱分析[145]，利用遥感光谱信息反演滩涂高程[146]，分析各种典型盐沼植被生长状况及定性描述外来种的扩散等[147]。

1.3 研究目的及意义

上海是从滩涂湿地发展而来的，河口滩涂湿地是上海城市发展的重要物质资源，主要分布在长江口的崇明、长兴和横沙三岛边滩，以及长江口南岸、杭州湾北岸、九段沙和其他河口沙洲。近 2 000 年来，长江泥沙堆积成陆的土地约占上海土地总面积的 60%；新中国成立至 1990 年，上海先后围滩造地 545 km^2，相当于当年上海土地面积的 8.6%，其中崇明岛围滩 481 km^2，占该岛土地面积的 46.2%。此外，上海市滩涂湿地具有巨大的生产功能，是重要的土地后备资源，同时扮演着防止海岸侵蚀的生态屏障。滩涂湿地是上海市重要的战略资源，其合理开发利用与否对上海市的可持续发展具有重要作用。

随着上海城市化进程步伐的加快，滩涂自然增长的速度和城市对土地的需求不相适应，过度围垦打破了生物原有的自然演替规律，围垦湿地内营造的人工湿地不能完全替代自然湿地的水鸟栖息地功能，改变了生物多样性的维持机制，使得生物多样性下降，同时降低了水质净化能力；外来植物互花米草的入侵扩张导致土著植物面积减少，改变了植物原有的分带现象，潮沟壅塞，生物栖息地减少，并可能增加碎屑流，改变滩涂湿地物质输出通量。此外，随着人类干扰强度加大，上海市滩涂湿地面临着过度捕捞、大规模围垦、严重污染、生物入侵、气候变化等胁迫，其生态系统健康状况受到严重威胁。

本研究旨在长江流域高强度人类开发建设活动、长江经济带发展战略的大背景下，了解地处长江河口的上海滩涂湿地的分布格局与时空动态趋势，建立滩涂湿地生态环境综合监测与评估体系，摸清滩涂湿地生态环境本底状况现状，识别滩涂湿地的主要生态系统服务功能，揭示目前滩涂湿地生态环境的健康状况。并在此基础上，提出科学合理的保护对策建议，以期为长江河口滩涂湿地管理提供科学依据。

1.4　研究内容

1.4.1　上海滩涂湿地时空分布遥感调查

（1）对上海地区滩涂湿地进行地面调查，获得地面控制点、参考点及校验点等信息。

（2）结合地面调查结果，使用遥感软件对同期获得的上海地区遥感影像进行地理校正、判读解译，绘制当前滩涂湿地分布图，确定滩涂湿地的类型、分布及面积。

（3）通过历史文献资料调研和走访，获得上海地区 20 世纪 80 年代至今不同时期主要滩涂湿地的发育演替资料；分析近 30 年来滩涂湿地的时空变化特征，并绘制滩涂湿地历史演变图。

（4）对上海地区滩涂湿地生态系统现状与历史状况进行比较与评价。

1.4.2　上海滩涂湿地生态环境状况现场调查

（1）以长江口典型滩涂湿地为研究对象，进行资料调研及文献考证，综合以往高校及各科研部门的监测与调查工作，初步掌握上海滩涂湿地生态环境基础数据。

（2）根据历史资料梳理情况，参照《海水水质标准》（GB 3097—1997）、《海洋沉积物质量标准》（GB 15618—2002）、《海洋生物质量标准》（GB 18421—2001）等要求，对上海滩涂湿地进行补充监测，重点考虑大潮的高低潮位之间，随潮汐涨落而淹没和露出的潮间带区域，监测指标、监测方法等与历史监测保持一致。

（3）根据监测结果，采用单因子污染指数、综合水质标识指数，尼梅罗土壤综合质量指数，Shannon-Wiener 生物多样性指数等分别对滩涂湿地生态环境综合质量进行评价。

1.4.3 上海滩涂湿地植物群落时空分布及影响因子

（1）通过遥感分析，研究上海市滩涂植物群落的空间分布状况，对3种典型植物群落（芦苇群落、互花米草群落、莎草科植物群落）的分布区域及分布特征进行描述。同时，通过现场调查和采样，研究上海市滩涂环境因子（土壤含水率、容重、盐度、总氮、总磷）之间的关系及植物群落分布与环境因子的关系，主要包括植物株高、密度、盖度、生物量与土壤含水率、容重、盐度、总氮、总磷直接的关系。

（2）在现场调查的基础上，通过遥感解译，分别绘制1988年、2000年、2011年的滩涂植被分布的时空动态变化图，分析20年来滩涂植被分布的变化规律。

（3）崇明东滩植物群落较为成熟，而奉贤金汇港滩涂植物建群时间则较短。通过现场取样与实验室分析相结合的方法，分别在崇明东滩和奉贤金汇港滩涂研究其植物群落特征沿高程梯度的分布与环境因子间的关系。

1.4.4 上海滩涂湿地生态系统服务功能评价

生态系统服务功能是反映生态系统重要性的指标。根据滩涂湿地的植被特征，将滩涂湿地分为光滩、莎草科植物滩涂、芦苇滩涂及互花米草滩涂4种类型，从调节气候（含固碳）、净化水质、生物多样性维持、渔业生产、休闲旅游等多方面分别计算不同滩涂湿地类型的生态服务功能。将以上价值进行合并，即可估算出不同类型滩涂湿地的单位面积生态服务价值，然后根据上海主要滩涂湿地的时空动态，确定主要滩涂湿地的生态服务功能价值及变化趋势。

1.4.5 上海滩涂湿地生态系统健康评价及生态敏感性分析

（1）在对上海市滩涂湿地进行生态环境调查的基础上，结合滩涂湿地生态系统服务功能评价结果，采用经济合作与发展组织（OECD）建立的压力-状态-响应（Press-State-Response，PSR）框架模型建立指标体系，并赋予各个指标相应的权重。以实验数据和统计资料为基础，对上海市滩涂湿地进行单因子和综合评价，分别计算其健康度、压力综合指数和响应综合指数，并绘制上海市滩涂湿地生态系统健康分布图，分析各滩涂湿地压力-状态-响应机理，找出其胁迫因子。

（2）参考上海滩涂湿地的生物多样性、生态环境综合质量及生态系统服务功能等指标，建立上海市滩涂湿地生态敏感性评价指标体系，评价上海滩涂湿地生态敏感性，并绘制上海市滩涂湿地生态敏感性分布图。

1.4.6　上海滩涂湿地生态保护对策

（1）根据对上海滩涂湿地生态系统功能与健康评价的结果，并根据滩涂人类活动干扰、滩涂围垦、外来生物入侵等方面的威胁，确定各主要滩涂湿地中威胁生态系统服务功能的主要因子。

（2）根据不同类型滩涂湿地的代表性特征、目前状况、受威胁程度及生态服务功能的实现程度等指标，确定上海市受损滩涂湿地的主要分布区域及面积，初步提出上海市受损滩涂湿地的生态恢复方案。

第 2 章
研究区域概况

2.1 自然地理环境

上海简称"沪""申"。其地理位置在北纬 30°40′～31°53′，东经 120°51′～122°12′，它北界长江，东濒东海，南接杭州湾，西接江苏和浙江两省，交通便利，腹地广阔，地理位置优越，是一个良好的江海港口。全境北起崇明岛西北端，南至金山区的大金山岛附近，南北长约 120 km；西起青浦区西的商榻镇，东至崇明县佘山岛以东的鸡骨礁，东西宽约 140 km，全境除西南部有少数剥蚀残丘外，全为坦荡低平的长江三角洲平原，平均海拔 4 m 左右。上海市总面积 7 832.47 km^2，其中全市土地总面积为 6 340.50 km^2，占 82.1%；沿江滨海的滩涂面积 375.99 km^2，占 4.8%；长江水面面积 1 106.98 km^2，占 14.2%。市域内天然河流密布，多属太湖流域水系，主要河流有黄浦江及其支流吴淞江（苏州河）等。上海的大陆岸线长约 172 km，岛屿海岸线长达 277 km，外围有崇明岛、长兴岛、横沙岛、佘山岛和大、小金山岛等岛屿及沙洲[148]。

上海地区属北亚热带季风气候。夏半年受东亚季风的影响，雨量充沛；冬半年受冷暖空气的交替影响，天气多变。全年气候表现出显著的海洋性特征：冬冷夏热，四季分明，光照充足，雨热同季，降水充沛。冬季长于春秋季，严寒酷暑时间短暂。春季锋面气旋活跃，降水多于秋季；初夏有梅雨期，盛夏和秋季有暴雨和台风出现；冬季每逢北方寒潮南下，有霜冻和大风，但在降温过程后受海洋调节，回暖较快。根据常年统计资料，上海地区年平均气温为 15.2～15.9℃，最冷月（1 月）平均气温为 3.1～3.9℃，最热月（7 月）平均气温为 27.2～27.8℃。年平均降水量为 1 048～1 138 mm，年降水日为

129～136 d。年无霜期为 228 d，平均终霜期在 4 月 2 日、始霜期为 11 月 15 日。在冬季强冷空气侵袭下，上海地区可能出现降雪现象，在 12 月至次年 3 月均有发生，但多以 1—2 月为主[148]。

2.2　滩涂区域概况

上海位于长江口地区，是我国重要的河口滩涂分布区。至 2005 年，长江口吴淞高程–5 m 以上的湿地面积为 2 699 km²[149]，而且在长江径流与海洋潮沙的共同作用下，大量泥沙在河口淤积，滩涂面积仍在逐年增加，植物区系与植物群落也随之快速变化。上海地区滩涂湿地包括沿江沿海滩涂湿地和河口沙洲岛屿湿地两种类型[150]。沿江滩涂湿地主要分布在长江口南岸（西起浏河口，东至芦潮港），以南汇边滩为主。长江口的沙洲岛屿，有露出水面成陆并被人类开发定居的沙岛，如崇明岛、长兴岛和横沙岛，还有已露出水面并发育有植被且无人居住的沙岛如九段沙、青草沙等，具体分布如表 2-1，图 2-1 所示。

表 2-1　上海滩涂湿地分布

类　型	名　称	分　布　范　围	备　注
大陆边滩	宝山边滩	吴淞口北至浏河口	
	浦东边滩	吴淞口至浦东机场	
	南汇边滩	浦东机场至汇角	含铜沙沙咀
	杭州湾北沿边滩	西始于金丝娘桥，东至南汇的汇角	
岛屿周缘边滩	崇明东滩	北八滧起向东、南至奚家港	含佘山岛
	崇明岛周缘边滩	除东滩外，崇明岛北缘、西缘、南缘滩涂	北含黄瓜沙、南含扁担沙
	长兴岛周缘边滩	主体为长兴岛北部、西部滩涂	含青草沙、中央沙、新浏河沙
	横沙岛周缘边滩	主体为位于横沙岛以东滩涂	含横沙浅滩、白条子沙
江心沙洲	九段沙	位于横沙岛与川沙南汇边滩间，距浦东机场 14 km	含江亚南沙

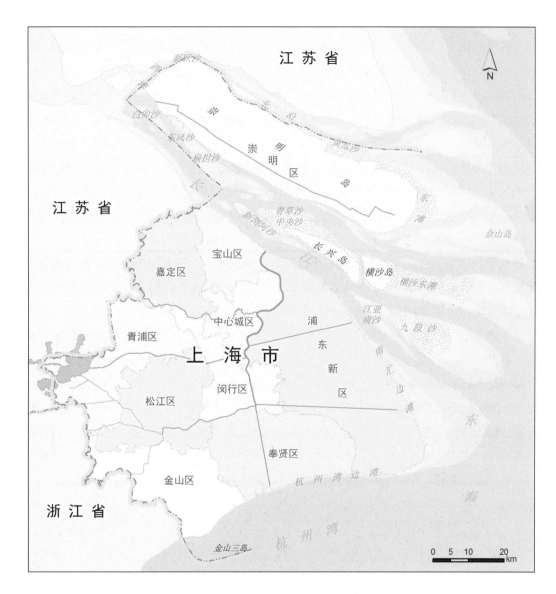

图 2-1　上海滩涂湿地分布

上海地区滩涂面积辽阔，拥有丰富的底栖动物和植物资源，是亚太候鸟南北迁徙的重要通道，即迁徙鸟类途中停歇、补充能量的重要驿站，也是涉禽优越的越冬地，具有极高的生物多样性价值[151,152]。以崇明东滩为例，根据文献资料和近年来的调查，该地区有鸟类 298 种，其中国家一级重点保护野生鸟类 4 种［东方白鹳（*Ciconia boyciana*）、白头鹤（*Grus monacha*）、黑鹳（*Ciconia nigra*）和白尾海雕（*Haliaeetus albicilla*）］，国家二级重点保护野生鸟类 37 种，有 22 种鸟类列入中国濒危动物红皮书。鱼类 202 种（包括附近区域），其中国家一级保护动物有中华鲟（*Acipenser sinensis*），历史记载有分布的还有国家一级保护动物白鲟（*Psephurus gladius*）、国家二级保护动物松江鲈鱼（*Trachidermus fasciatus*）和胭脂鱼（*Myxocyprinus asiaticus*）。此外，还有浮游植物和浮游动物分别为 180 种和 170 种，大型底栖动物 335 种，昆虫 100 多种。长江口滩涂还提供了气体平衡、气候调节、水调节、养分循环、文化娱乐等其他生态服务[153]。目前，长江口滩涂湿地的重要作用已经引起了国内外的高度重视。1999 年 7 月，湿地国际亚太组织正式接纳崇明东滩为"东亚—澳大利亚涉禽保护网络"成员单位；2002 年，崇明东滩被世界自然基金会列为具有国际重要意义的生态敏感区，被湿地国际秘书处确认为国际重要湿地（Wetland of International Importance）；2005 年，国务院批准成立了九段沙和崇明东滩两个国家级自然保护区。

上海地区滩涂湿地不仅为上海提供巨大的生态服务功能，也为经济社会可持续发展提供强有力的保障，在上海的经济社会和生态环境建设中有着十分重要的战略地位[154]。长江口滩涂是上海最重要的后备土地资源，在上海经济社会发展中具有不可替代的作用和地位。如浦东国际机场就是建立在淤涨的滩涂上，上海化学工业区也是在滩涂圈围基础上建成的。目前建成的青草沙水库，通过在新生的长兴岛西北角的青草沙沙洲圈围，将直接从长江的江心取水，成为上海新的优质的水源地。南汇东滩经过圈围后开发，目前已形成临港新城这一集产业、人居、商业等多功能的新型园区，为上海的经济发展做出了巨大贡献。

2.3 滩涂发育和圈围历史

2.3.1 滩涂湿地的发育

上海滩涂地处江河海洋的交接带，是在河流和海洋两大动力交互作用下，由长江挟带的泥沙沉积而成[155]。长江多年平均含沙量为 0.518 kg/m^3，年平均输沙量为 $4.86×10^8$ t，巨大的泥沙入海量为各大滩涂、沙岛的形成提供丰富的物质来源[156]。长期的遥感观测表明，上海的滩涂湿地面积总体上保持增加的趋势（图 2-2）。

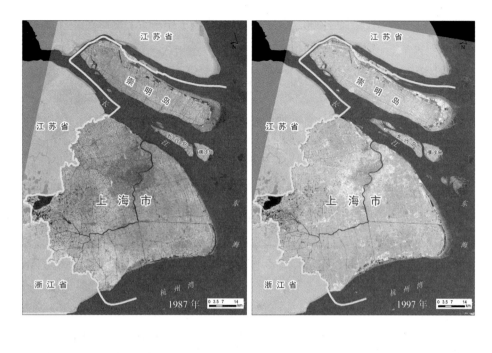

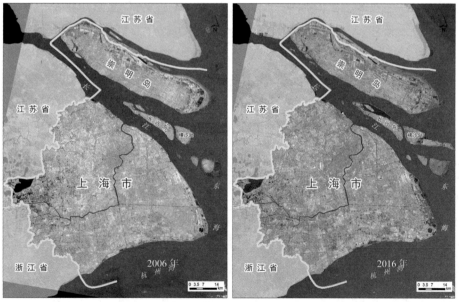

图 2-2　上海卫星遥感影像（Landsat 卫星影像）

　　陈吉余等[157]总结长江口 2 000 年来的发育模式为 5 个方面：南岸边滩推展、北岸沙岛并岸、河口束窄、河道成形、河槽加深。长江口的涨落潮流流路分异现象非常明显。几千年来，落潮流在科氏力的作用下，落潮槽不断南偏。径流挟带的泥沙随落潮流入海，在扩散过程中也呈现向南偏转的趋势[158]。因此长江口的南边滩成为泥沙沉降的一个重要场所，形成长江口南岸边滩逐渐外伸，陆地不断向外推展[159]。

　　崇明是我国的第 3 大岛，崇明岛的形成和发展，实际上就是沙岛的圈围史。约 1 300 年前，当时的长江河口中发育出两个漏出水面的小沙洲，即东沙和西沙，通过圈围，形成崇明岛最初的雏形。后东西沙相继塌去，又露出新的沙洲，称为三沙。崇明建置始于三沙之上，1277 年设崇明州。现在的崇明是 16 世纪的"长沙"沙岛，从 1583 年迁至其上至今，而且在这个不到 500 年的阶段中也数次摆荡，诸多滩涂沙洲此涨彼坍。通过圈围，沙岛才得以稳定，其面积才得以逐渐扩大。新中国成立初期面积超过 600 km²，现超过 1 200 km²。

　　长兴、横沙岛为长江口南支中的沙岛。长兴岛是在 1842 年圈围鸭窝沙的基础上形成的，当时圈围面积仅为 2.2 km²。在其后 100 多年中，鸭窝沙及其周围滩涂沙洲历经冲淤演变，形成石头沙、瑞丰沙、潘家沙、金带沙、圆圆沙连同鸭窝沙共 6 个沙体。1964 年以来，6 个沙体之间不断修筑堵坝工程，最终于 1972 年 3 月连成上海最大的人工岛，定名为长兴岛。长兴岛的形成，为上海提供了宝贵的深水岸线资源。横沙岛也是从水下沙洲发育起来的，于 1880 年开始圈围成陆，受长江口外强潮流作用的影响，该岛呈现东南冲刷、西北淤涨的特征。直到 1958 年前后，通过工程措施才使横沙岛固定下来。

　　九段沙是长江口的新生沙洲，是位于长江口南北槽分汊河道之间的河口心滩型沙洲，也是长江口最年轻的沙洲，其形成发展仅有 50 余年的历史[160]。九段沙是长江口最靠外海、最新凸起的第 3 代沙洲，也是目前国内唯一基本保持原始河口沙洲地貌及发育过程的重要地区，其地貌的发育演变，盐沼植被的演替很少受到人为的干扰。因承受长江来沙不断在此淤积，加上近年来河口深水航道、分流导堤工程等人类工程活动的影响，九段沙沙洲不断生长[161]。

2.3.2　滩涂湿地的圈围

　　根据有关的研究资料，近 2 000 年来上海市圈围土地面积占上海现有土地面积的 62%[162]。新中国成立到 1983 年，上海圈围滩涂 80 余万亩（1 亩=666.67 m²）[163]，圈围的滩涂主要分布在长江口北支崇明岛北沿，长江口南支长兴岛、横沙岛北部，长江口南岸浦东新区三甲港至南汇嘴及杭州湾北岸。新中国成立以来，上海市圈围的历史大体上分为以下几个阶段[164]。

（1）第一阶段：20 世纪 50 年代初，在国民经济恢复的基础上，为发展农业生产，扩大耕地面积，以农业圈围为主，1954 年，奉贤、崇明两县最先组织当地人民在滨江沿海地带围涂造田，兴建机耕农村或安置无地、少地的农民。同年冬天进行的上海市新中国成立后的首次圈围，建立了上海市第一家国营农场——上海五四农场。

（2）第二阶段：20 世纪 60 年代以副业圈围为主。为战胜自然灾害，建立城市副食品供应基地，市政府于 1960 年组建圈围总指挥部，开始有计划组织全市性的大面积圈围。当时，上海市委发出"大办农业，围海造地，为城市建立副食品生产基地"的号召，来自全市 12 个区和 5 个部、局的干部、工人、学生奔赴崇明、奉贤和南汇沿海滩涂，共圈围土地 15.09 万亩，在新开垦的土地上，兴建了一批畜牧农场，为城市供应牛奶、肉类、禽蛋、鱼虾等副食品，并相继安置了 37 万城市知识青年。

（3）第三阶段：20 世纪 70 年代起，在杭州湾北岸金山卫围涂造地，兴建上海石油化工总厂，形成了一座新型的工业卫星城镇。1983 年在长江口宝山区罗泾滩涂筑堤圈围，兴建宝钢水库，以保证宝钢总厂生产用水的水质要求。以工业圈围为主，向综合性开发利用发展。

（4）第四阶段：20 世纪 80 年代后期，垦区又出现了市政、旅游、商贸等开发项目，开拓了滩涂开发的新前景，并注意圈围区配套并举，在围涂造地过程中，注意防洪护坡，涵洞水闸，桥梁道路、引排水河道、高压供电线路等基础设施的规划、建设，使滩涂开发利用更及时、更有效。

（5）第五阶段：1986 年上海市人大常委会通过了《上海市滩涂管理暂行规划》，滩涂圈围开发进入了规范化和法制化的新时期。1996 年 10 月 31 日市人大常委会通过了《上海市滩涂管理条例》，是滩涂圈围和合理开发利用走上了法制化轨道。

围涂造地在上海建设发展中占有重要地位，为上海增加了土地资源，缓解了超大城市建设的用地矛盾，提供了规模化、集约化农业生产以及重化工业、港口物流和城市基础设施等行业发展空间，并对长江口河势稳定和河口治理发挥了重要作用。自 20 世纪 50 年代开始，上海先后建立的 18 个国营农场和部分乡镇级农场，70 年代起开始布局的上海石化、宝钢、外高桥港区、上海化工园区等重点行业发展基地，以及浦东机场、青草沙水库、白龙港污水处理厂、老港垃圾综合处置场等一大批城市重要基础设施基地，都是在圈围滩涂的基础上建立起来的[165,166]。1950—1995 年，上海市共圈围滩涂 1 140 785 亩，其中 60 年代是历史上圈围数量最多的时期，70 年代圈围强度仅次于 60 年代，80 年代以后圈围规模明显减小，以 1992 年为高峰（图 2-3）。

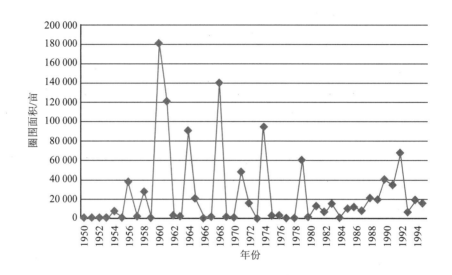

图 2-3　1950—1995 年上海滩涂逐年圈围面积曲线

2.4　滩涂主要植被群落及其演替规律

2.4.1　主要植被群落

长江口丰富的潮滩资源孕育了大量的沿江沿海湿地，为湿地生态系统的生产者滩涂植被提供了生境，而作为生产者的滩涂盐沼植被又为鸟类、底栖动物提供食物来源和栖息地。上海市滩涂湿地植被物种组成非常简单，经过多年调查，维管植物共计 19 种[168]，包括海三棱藨草（*Scirpus matriqeter*）、藨草（*Scirpus triqeter*）、芦苇（*Phragmites australis*）、互花米草（*Spartina alterniflora*）、糙叶苔草（*Carex scabrifolia*）、碱蓬（*Suaeda glauca*）、碱菀（*Tripolium vulgare*）、加拿大一枝黄花（*Solidago canadensis*）、委陵菜（*Potentilla chinensis*)、喜旱莲子草(*Altermanthera philoxeroides*)、看麦娘(*Alopecurus aequalis*)、牛筋草(*Eleusine indica*)、单穗束尾草(*Phacelurus latifolis*)、早熟禾(*Poa annua*)、菰(*Zizania latifolia*)、水蜈蚣(*Kyllinga brevifolia*)、水葱(*Scirpus validus*)、狭叶香蒲(*Typha angustifolia*)、鸭跖草(*Commelina communis*)。这些物种分属 7 科 16 属,其中前 5 种为常见种,喜旱莲子草、加拿大一枝黄花和互花米草为外来物种。长江口潮间带植物区系中单子叶植物 4 科 12 属 14 种,双子叶植物 4 科 5 属 5 种。其中,海三棱藨草为中国特有种,目前仅在长江口和杭州湾沿江或沿海部分区域有分布[169,170]。

上海滩涂湿地植被组成简单,主要由芦苇群落、互花米草群落与藨草-海三棱藨草群落组成。在崇明东滩、九段沙等面积较大的滩涂上,这几种植物群落均同时存在;在其他地区,受海洋潮汐影响较大盐度较高的滩涂,多为互花米草群落,如南汇东滩、杭州湾北沿边滩等,受长江上游来水影响较大的滩涂多为芦苇群落,如崇明西滩、青草沙等。

(1)藨草-海三棱藨草群落

在上海滩涂湿地藨草-海三棱藨草群落中的优势物种为藨草与海三棱藨草。藨草与海三棱藨草均为莎草科藨草属,多年生草本植物。藨草是世界广布种,而海三棱藨草为我国特有种,分布非常局限,目前仅见于我国长江口和杭州湾的东部沿海或沿江滩涂。海三棱藨草的种子与地下球茎是一些雁鸭类与白头鹤等水鸟的主要食物来源,海三棱藨草群落也是长江口迁徙水鸟的重要栖息地和觅食场所,因此,长江口的海三棱藨草具有非常重要的生态价值和保护价值[171]。

藨草-海三棱藨草群落在九段沙与崇明东滩均有大量分布。在崇明东滩,该群落为海三棱藨草、藨草形成的混生群落,偶有少量的糙叶苔草混生其中;而在九段沙,则形成海三棱藨草的单优势种群(Monodominant Community),仅在部分区域有少量藨草混生,因此,九段沙的这一群落类型也称为海三棱藨草群落。由于海三棱藨草群落在不同高程的滩涂上具有不同的群落特点,又可将其分为外带和内带。海三棱藨草外带(图 2-4)通常在光滩上呈群聚型或随机型分布格局,随着滩涂高程的升高,潮水淹没时间减少,海浪冲刷程度减少,种群密度不断增加,形成大片的群落,呈现出均匀型的分布格局,即为海三棱藨草内带(图 2-4)。

（a）由于潮水冲刷，暴露出来的地下部分　　　（b）无性植株　　　（c）叶、花和花序

（d）群落外带　　　　　　　　（e）群落内带

图 2-4　上海滩涂湿地中海三棱藨草的形态学和群落学特征

（2）芦苇群落

在上海滩涂湿地，芦苇群落通常为芦苇形成的单优势群落。芦苇为禾本科芦苇属多年生草本植物。芦苇地上植株高大密集，粗壮的地下根茎纵横交错，因此具有很强的促淤保滩、固沙护堤等功能。

芦苇在长江口各个滩涂均有分布，大片的芦苇群落主要分布在高程较高的潮滩（图2-5）。在高程较低或者盐度较高的滩涂上，芦苇群落呈零星斑块状分布于海三棱藨草群落中（图2-5），或者混生于互花米草群落中。在崇明东滩，芦苇常常在近堤岸高程较高的滩涂上形成高大密集的单物种群落。在九段沙，芦苇在上沙形成单物种群落，在九段沙中沙和下沙，则岛状分布于海三棱藨草群落中或与互花米草混生。在长江口地区的芦苇群落中，特别在群落边缘地带，常伴生有低矮的莎草科植物，如海三棱藨草、糙叶苔草、藨草等[172]。

（a）由于潮水冲刷，暴露出来的地下部分　　　（b）克隆分株　　　（c）花和花序

（d）九段沙上沙的郁闭群落　　　　（e）高程较低处的群落

图 2-5　上海滩涂湿地中芦苇的形态学和群落学特征

（3）互花米草群落

在上海滩涂湿地，互花米草群落通常是由互花米草形成的单优势群落。互花米草为禾本科米草属（又名绳草属）多年生草本植物，原产于大西洋西海岸及墨西哥湾，由于人类有意引入或无意带入，现已成为全球海岸滩涂生态系统中最成功的入侵植物之一。自 20 世纪 70 年代末以来，互花米草在我国广大的河口与沿海滩涂迅速引种，取得了一

定的生态和经济效益，但也带来了一系列危害。目前，互花米草已成为我国沿海滩涂最重要的入侵植物。2003 年初，国家环保总局公布了首批入侵我国的 16 种外来入侵种名单，互花米草作为唯一的海岸滩涂植物名列其中[173]。

在长江口地区，互花米草在崇明东滩、崇明北滩、九段沙、大陆边滩等多处滩涂均有分布，已成为上海滩涂湿地面积最大的植物群落（图 2-6）。该群落基本是由互花米草形成的单物种群落，但在有的区域也有少量芦苇混生。

互花米草入侵上海滩涂的时间仅有 10 年左右。在九段沙与崇明东滩，互花米草的来源有所差异。九段沙的互花米草主要来自于人工引种[174]。由于上海浦东国际机场"种青引鸟"工程的需要，1997 年在九段沙中沙人工种植了 40 hm^2 芦苇和 50 hm^2 互花米草，在下沙种植了 50 hm^2 互花米草，此后互花米草便成功定植并迅速扩散，目前在中沙、下沙有大面积分布。

崇明东滩的互花米草有自然扩散和人工移栽两种来源[175]。1995—2000 年，互花米草的来源为自然传播。1995 年，在东滩北部一带的海三棱藨草群落和光滩发现互花米草的小斑块呈零星分布，这也是在崇明东滩首次发现互花米草。从来源上看，这些零星分布的互花米草可能是从江苏的大丰、启东等地在潮汐作用下通过自然传播而来。2000 年，互花米草已在东滩北部逐渐扩散，形成了一些半径较大、密集单一的互花米草斑块。2001—2003 年，互花米草的来源主要为人工种植。有关部门为了快速促淤，获取更多的土地资源，在崇明东滩进行了两次大规模人工移栽互花米草。2001 年 5 月，在东滩捕鱼港一带的海三棱藨草群落内带人工种植了 337 hm^2 的互花米草，成活率达 90% 以上。到 2002 年 11 月，由于快速扩散，互花米草逐渐连接成片，形成郁闭的互花米草群落。2003 年 5 月，互花米草再次被人工种植在东滩的海三棱藨草群落和光滩中（图 2-6）。其中在北八滧一带种植互花米草 370 hm^2，在东旺沙、捕鱼港一带种植面积达 60 hm^2，在团结沙一带种植面积为 112 hm^2。后来，由于上海崇明东滩鸟类自然保护区极力反对在保护区内种植互花米草，东旺沙和团结沙两地的互花米草在种植后不久即被人为拔除，但并没有完全拔除干净，互花米草得以进一步扩散，并形成大面积单一密集的互花米草群落。目前互花米草面积仍在增加，其入侵动态与入侵机制还需要进一步研究。

（a）由于潮水冲刷，暴露出来的地下部分　　　（b）茎和叶　　　（c）花和花序

（d）郁闭群落　　　　　　　（e）海三棱藨草群落中的互花米草斑块

（f）光滩中的互花米草斑块　　　　　　（g）人工移栽的互花米草

图 2-6　上海滩涂湿地中互花米草的形态学和群落学特征

2.4.2　植被群落的一般演替规律

上海滩涂湿地是一种环境高度异质的生态系统,在潮汐有规律的影响下,与潮汐密切相关的非生物因子如盐度、淹水的时间与频度、养分有效度、土壤颗粒度、溶氧度、pH、氧化还原电位等往往都沿高程呈现出梯度变化,也造成了滩涂植物群落沿高程的带状分布[176]。沿高程梯度,不同的植物群落呈带状分布,这是上海潮间带滩涂植被群落空间分布上的基本特征。沿高程从低到高的植物群落为:光滩裸地→蘑草-海三棱蘑草群落→芦苇(或互花米草)群落。

海三棱蘑草种群先以地下根状茎和球茎定居于达到一定高程的光滩,成为滩涂的先锋群落,随着植物群落的发育,无性繁殖的重要性增大,出现集聚型或随机型分布格局的斑块,形成海三棱蘑草外带(图2-7)。随着滩涂高程的升高,潮水淹没时间减少,海浪的影响减小,种群的密度不断增加,形成大片的群落,呈现出均匀的分布格局,即为海三棱蘑草内带(图2-7)。随着高程的进一步升高,盐度增加,而地下水位相对较低,对海三棱蘑草的生长逐渐变得不利;同时芦苇(或互花米草)开始扩散至海三棱蘑草群落中,海三棱蘑草种群受到排斥,最终被芦苇(或互花米草)群落所替代[177]。这样,植物群落沿高程梯度从低到高形成了明显的带状分布,其分布序列从低到高依次为:光滩、海三棱蘑草群落外带、海三棱蘑草群落内带、芦苇(或互花米草)-海三棱蘑草混生群落、芦苇(或互花米草)群落(图2-7)。其中,海三棱蘑草群落外带和芦苇(或互花米草)-海三棱蘑草混生群落实际上是一种过渡带,如果条件适宜,泥沙淤积较快,往往在一两个生长季内,海三棱蘑草群落外带可发育成海三棱蘑草群落内带,而芦苇(或互花米草)-海三棱蘑草混生群落则发育成芦苇(或互花米草)的单物种群落。

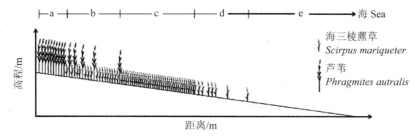

图2-7　上海滩涂湿地植物群落分布的一般模式

(a)芦苇(或互花米草)群落;(b)芦苇(或互花米草)-海三棱蘑草混生群落;(c)海三棱蘑草群落(内带);(d)海三棱蘑草群落(外带);(e)光滩。

上海滩涂湿地多为新生的河口湿地，这一湿地生态系统中的植物处在发生、发展、快速演替的过程中。滩涂植物分布格局的空间序列，也反映了其群落演替过程，该演替系列中每一阶段的分布格局在随时间变化的同时也在空间上改变其位置。沿高程梯度，从低到高，滩涂植被所处的演替阶段也从初级到高级。因此，上海滩涂湿地植物群落自然演替过程遵循以下基本模式：光滩裸地→藨草-海三棱藨草群落→芦苇（或互花米草）群落（图 2-8）。

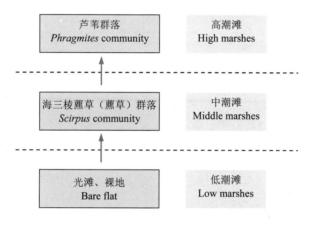

图 2-8 滩涂植被演替的概念模型

第 3 章

上海滩涂湿地分布遥感调查

3.1 遥感调查方法

3.1.1 数据来源

本研究涉及的数据主要包括以下几项。

（1）上海地区的遥感影像数据

上海地区滩涂的主要植物群落类型为互花米草、芦苇和海三棱藨草形成的单物种群落。秋冬季节时，芦苇已经大都枯黄，互花米草种子虽然已经成熟脱落，但是叶片仍然保持绿色，而海三棱藨草植株相对矮小且已经大都枯黄倒伏，因此在秋冬季节对近红外及中红外光的反射率有明显不同。同时滩涂经常受周期性潮水浸没，因此在选择遥感数据时必须要考虑潮位较低时刻获得的影像。综合潮位、季节和云量等因素的考虑，本研究主要选择 1988 年以来的 4 个时相的秋季、低潮位、无云时的 Landsat-5 TM 和 Landsat-7 ETM+多光谱遥感影像数据（表 3-1），这样使得光谱信息明显，易于判读。

（2）商用 ASTER 数据、海图和当地地形图

商用 ASTER 数据具有较高的地面分辨率（15 m）和地理精度，经过地理校正后精度在一个像素以内，然后用于遥感影像的统一配准和几何校正。海图和地形图可以辅助提取的地物信息及影像解译后的验证。

（3）野外调查的数据

通过实地调查及 GPS 精确定位，记录滩涂植物群落的种类、范围等信息。

表 3-1　上海地区滩涂湿地遥感分析的数据源

成像日期	成像时间	成像格式
1988-11-13	9：54：09	LANDSAT-5 TM
1996-11-08	9：46：03	LANDSAT-5 TM
2000-09-18	10：05：06	LANDSAT-7 ETM+
2009-10-21	10：15：19	LANDSAT-5 TM

（4）其他资料数据

包括多年来的相关文献，统计年鉴等资料。

3.1.2　数据处理

研究采用 ERDAS IMAGINE 8.7™ 软件和 ESRI ArcGIS 9.2™ 软件对遥感影像进行处理（图 3-1）。

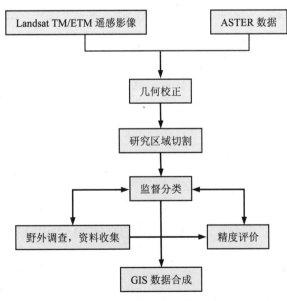

图 3-1　遥感分析技术路线

　　首先采用具有明显地面特征的 6 个地面控制点（GCP）对 2004 年 12 月 7 日成像的 ASTER 数据进行地理校正，保证最后的地理校正精度在一个像素以内。然后依据这幅影像对所有遥感影像数据进行统一配准和几何校正，由于图幅较小，所有的校正模型均采用二阶多项式变换法（Polynomial）。同时结合上海地形图，运用目标区域 AOI 工具分幅裁减选出大堤外的滩涂部分，以提高解译的精确性和目的性，进行单独解译和分类。

　　原始图像含有大量的地物特征信息，并以灰度形式表现，但灰度差较小，不易判读，视觉效果较差。本研究主要用了两种图像增强方式，即缨帽变换和归一化植被指数，来改善视觉效果，增强目标地物对象与周围地物图像之间的对比关系，提高遥感影像的解译力。

　　在假彩色合成的基础上，参照缨帽变换和植被指数的光谱信息，同时参考我们的野外调查结果及以往的资料数据，利用 ERDAS 软件中的窗口关联功能，选取训练样区定义分类模板，采用最大似然法对影像进行监督分类。由于光学遥感影像会出现同物异谱和异物同谱的情况，因此存在一定的误分现象，必须在监督分类的基础上，通过目视解译加以修正，并辅以大量的实地考证。直接采用目标区域（AOI）工具结合目视解译、对分类有误的像素进行人工重新赋值，将同物异谱、异物同谱现象进行有效的剔除更正。在多次人机交互对话后，分类精度达到了一定标准，最终确定互花米草群落、芦苇群落和海三棱藨草群落等不同的植被信息。

　　用基于误差矩阵的方法进行分层随机采样，对所有的分类影像和经过修正后的分类结果都进行了评价，并且通过全面野外考察进行检验。分析评价与野外考察的精度评价均为 85% 以上。

　　分类精度是遥感植被分类的关键性指标，野外实地验证是保证分类精度的重要途径。2009 年 8 月，我们对上海地区滩涂进行了实地验证。应用 GPS 精确定位样点，现场对照分析初步分类结果的准确性，并调查记录滩涂植物群落空间结构、分布格局和植被生长状况等相关信息。结合先验知识和实地调查对解译分类结果进行修正，得到最终解译分类结果。

3.1.3　数据合成

　　在上述基础上，应用 ESRI ArcGIS 9.2™ 软件，对专题图进行分析，经数据合成，生成新的数据图层,得到上海地区各植被类型滩涂分布图,并统计出各区域、各类滩涂的面积及上海地区滩涂总面积,从而得到上海各滩涂的分布格局和时空动态,并且绘制出各个时期的专类图。

3.2　滩涂湿地分布动态变化

3.2.1　滩涂时空变化总趋势

优越的地理位置和发育条件造就了上海的滩涂,孕育着极为丰富的自然资源和特殊的资源组合类型。上海地区滩涂植被比较单一,滩涂按照植被类型可分为海三棱藨草滩涂、互花米草滩涂、芦苇滩涂和光滩(盐渍藻类滩涂)。长江携带的大量泥沙使滩涂湿地处于不断淤涨之中,随着滩涂湿地的淤涨发育,植被群落随滩涂高程变化而发生自然动态演替,再加上近年来人类活动的影响,上海地区各植被类型滩涂处在不断的动态变化之中。

总体来说,上海滩涂资源比较丰富,但是由于人类圈围、生物促淤引入外来种互花米草,近 20 年来上海地区滩涂湿地面积及其结构发生了比较大的变化。同时,随着上海政府对滩涂湿地环境保护的重视,近年来加大了对滩涂湿地的保护力度,尤其是两个国家级自然保护区(崇明东滩和九段沙)的建立,使上海滩涂资源得到了比较有力的修复和保育,保护区内的滩涂面积保持稳定。

与此同时,近年来上海滩涂的不同区域经历了多次圈围,圈围工程对滩涂湿地造成了较大的影响。其中 20 世纪 90 年代的圈围大多发生在高潮滩,导致芦苇滩涂面积直接退化减少。2000 年以后的圈围逐渐转为中潮滩甚至低潮滩,对湿地植被的所有种类几乎都有负面影响。虽然长江口拥有丰富的泥沙资源,促淤工程等一系列的人为措施也在加强,但上海滩涂面积仍在减少,滩涂结构发生变化(表 3-2、图 3-2、图 3-3)。

1988 年上海各植被滩涂总面积为 52 215.28 hm^2(图 3-4)。主要组成为芦苇滩涂、海三棱藨草滩涂和光滩。芦苇滩涂分布面积达 10 575.19 hm^2,大面积的芦苇滩涂主要分布在崇明东滩和北部边滩,南汇东滩和杭州湾北岸也有适量分布。海三棱藨草滩涂主要分布在芦苇群落外侧,分布的面积为 8 524.72 hm^2。光滩面积为 33 115.37 hm^2。九段沙由于形成的历史较短,植被处于演替早期,主要以海三棱藨草滩涂和光滩为主,面积为 5 583.24 hm^2,其中海三棱藨草滩涂面积仅为 411.84 hm^2。

表 3-2 上海滩涂面积的时空变化 单位：hm²

年份	各植被类型滩涂面积				
	芦苇滩涂	互花米草滩涂	海三棱藨草滩涂	光滩	总面积
1988	10 575.19	0	8 524.71	33 115.37	52 215.28
1996	7 135.74	0	5 290.86	29 036.34	41 462.94
2000	5 281.29	2 441.79	5 244.93	30 452.58	43 420.59
2009	4 050.87	4 916.95	4 981.31	18 700.29	35 649.42

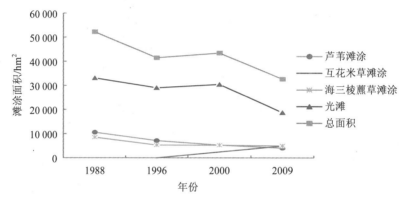

图 3-2 上海滩涂变化趋势

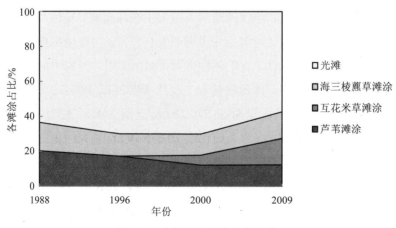

图 3-3 上海滩涂结构变化趋势

海三棱藨草滩涂　■芦苇滩涂　□光滩滩涂

图 3-4　1988 年上海滩涂湿地分布

　　由于 20 世纪 90 年代初的圈围活动，1996 年与 1988 年相比，上海地区滩涂总面积有较大幅度的减少，截至 1996 年总面积减少至 41 462.94 hm^2（图 3-5）。滩涂面积减少最明显的区域是崇明东滩，由于大堤的建成，芦苇滩涂被圈围后面积明显减少，遥感影像解译分析，芦苇滩涂的面积为 7 135.74 hm²，比 1988 年减少了近 1/3。芦苇滩涂主要分布在东滩东北部和团结沙一带的滩涂上。由于圈围，海三棱藨草滩涂的面积在这几年间也有所减少，从 1988 年的 8 524.72 hm² 减少至 1996 年的 5 290.86 hm²。光滩也有不同程度减少，互花米草滩涂在东滩也有零星分布。

图 3-5   1996 年上海滩涂湿地分布

　　1996—2000 年虽然经过一些人为的圈围活动，如崇明东滩大堤的建立，植被滩涂有所损失，但是由于自然的发育演替，各植被滩涂总量还是保持稳定且略有增长的趋势，2000 年，滩涂总面积为 43 420.59 hm^2。外来种互花米草在这几年期间被分别引入九段沙、崇明东滩和南汇边滩，由于其良好的促淤功能，当地政府也相继在这些引入地组织过多次种植。至 2000 年，人工种植加上自然发育，互花米草滩涂面积已达到 2 441.79 hm^2，并有增长的趋势。虽然潮滩在淤涨发育，中低潮滩在逐渐向高潮滩演替，但由于互花米草的竞争，芦苇滩涂的面积有所减少，到 2000 年，芦苇滩涂的总面积为 5 281.29 hm^2，仍为滩涂湿地中面积最大的植被滩涂。随着滩涂的淤涨发育和互花米草的竞争，生长于中潮滩的海三棱藨草不断向海域方向扩散，滩涂面积从 1996 年的 5 290.86 hm^2 略下降到 2000 年的 5 244.93 hm^2。光滩面积相对稳定，面积为 30 452.58 hm^2（图 3-6）。

　　2000 年之后，上海市政府加大了对滩涂湿地的保护力度，崇明东滩、九段沙两个国家级自然保护区的建立，加上滩涂的自然淤涨发育及植被的自然演替，各植被滩涂在两个自然保护区的面积增加较快，提供了很好的环境资源价值和生态服务价值。而在非自然保护区，由于圈围强度的加大，滩涂植被退化比较严重。南汇边滩人工促淤堤的加高，大片的植被滩涂几乎全部被圈围。加上长兴青草沙水库的动工建设，长兴岛西北角中央沙的圈围，江南造船厂和横沙东滩的人工圈围工程，以及崇明北部边滩的圈围，使上海非自然保护区的滩涂湿地面积大大减少。长江口南岸和杭州湾北岸大部分岸段的滩涂上几乎只剩光滩。至 2009 年，上海地区滩涂总面积为 35 649.42 hm^2，芦苇滩涂因受圈围及互花米草入侵的影响，面积从 2000 年的 5 281.29 hm^2 下降到 2009 年的 4 050.87 hm^2。海三棱藨草滩涂的面积从 2000 年的 5 244.93 hm^2 减少到 2009 年的 4 981.31 hm^2。在这期间，由于中、低滩涂的大面积圈围，光滩面积也有较大幅度减少，至 2009 年，光滩面积减少至 18 700.29 hm^2。在此期间，互花米草滩涂面积仍保持增加的趋势。而相对于以往的增长速度，互花米草滩涂在此期间扩散速度有所减缓，其中一个重要的原因是南汇边滩的低滩圈围，对互花米草滩涂的面积也有较大的损失，原生长于南汇边滩上的互花米草已被全部圈围掉。2009 年遥感解译分析，互花米草滩涂面积已达到 4 916.95 hm^2，占总滩涂植被面积的 1/3（图 3-7）。

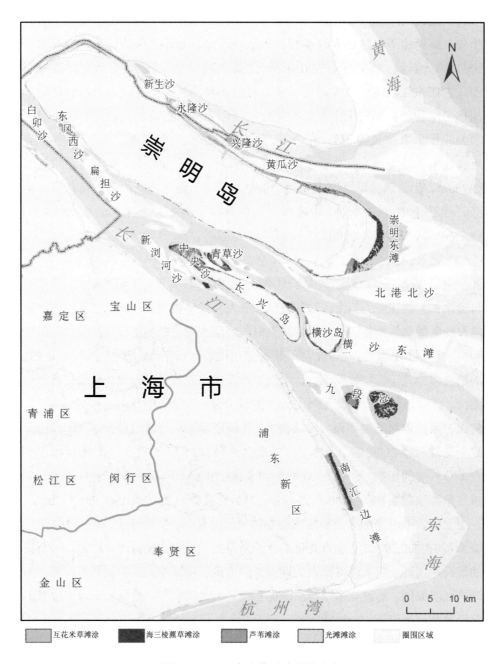

图 3-6　2000 年上海滩涂湿地分布

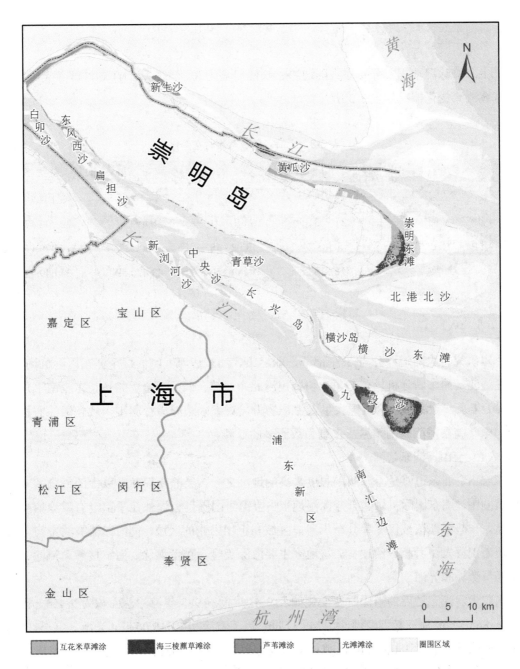

图 3-7　2009 年上海滩涂湿地分布

3.2.2　各区域滩涂变化趋势

上海滩涂湿地主要分布在大陆边滩、长江口岛屿周缘和长江口江心沙洲 3 大区域，各区域滩涂变化情况如表 3-3 所示。

表 3-3　上海各区域滩涂时空变化 单位：hm²

区域名称	1988 年	1996 年	2000 年	2009 年
大陆边滩	14 918.69	11 518.39	7 114.59	3 167.8
长江口岛屿周缘	31 713.35	21 916.10	26 999.73	22 002.47
长江口江心沙洲	5 583.24	8 028.45	9 306.27	10 479.14
合计	52 215.28	41 462.94	43 420.59	35 649.42

3.2.2.1　大陆边滩

本研究将大陆边滩分为 3 个部分，即宝山、浦东边滩（浏河口至浦东国际机场）、南汇边滩（浦东国际机场至汇角）和杭州湾北岸边滩（西始于金丝娘桥，东至南汇角）。近 20 年来，上海市政府组织大量人力、物力，对大陆边滩进行圈围，致使滩涂面积锐减，中、高层滩涂圈围殆尽，仅剩为数不多的低滩。

（1）宝山、浦东边滩

宝山、浦东边滩是上海圈围强度最高的地区之一，吴淞高程 0 m 以上的部分基本上全被圈围，浦东国际机场建于滩涂湿地上，宝钢集团围垦大堤外几乎都没有滩涂植被的分布。一些湿地植被仅零星分布于河口区域和丁坝内侧的区域，同时，植被的空间分布也随着工程发生着相应的改变。该地区主要滩涂类型为芦苇滩涂、海三棱藨草滩涂、互花米草滩涂和光滩。

宝山、浦东边滩的滩涂时空变化如表 3-4 所示。1988 年滩涂总面积为 2 454 hm²，包括 86.63 hm² 海三棱藨草滩涂、249.31 hm² 芦苇滩涂和 2 118.06 hm² 光滩。截至 1996 年，滩涂减少到 1 380.97 hm²，植被滩涂仅零星斑块状分布在河流入海口区域。由于大陆边滩的不断圈围，2000 年该区域滩涂面积急剧下降至 493.2 hm²。组成结构为芦苇滩涂、互花米草滩涂、海三棱藨草滩涂和光滩。随后由于一些人工开发活动，零星的滩涂植被更加退化，2009 年的遥感影像上已分辨不出明显的滩涂植被，仅发现一些区域有零星的芦苇的分布。

表 3-4　大陆边滩时空变化 单位：hm^2

滩涂类型		1988 年	1996 年	2000 年	2009 年
宝山、浦东边滩	芦苇滩涂	249.31	347.31	12.42	13.68
	海三棱藨草滩涂	86.63	46.18	27.09	1.53
	互花米草滩涂	0	0	30.24	0.52
	光滩	2 118.06	987.48	423.45	262.53
	合计	2 454	1 380.97	493.20	278.26
南汇边滩	芦苇滩涂	1 089.06	455.67	0.50	0.45
	海三棱藨草滩涂	527.63	954.36	766.44	0.65
	互花米草滩涂	0	0	559.08	28.53
	光滩	5 294.50	6 290.19	2 251.80	2 044.71
	合计	6 911.19	7 700.22	3 577.82	2 074.34
杭州湾北岸边滩	芦苇滩涂	535.88	70.83	1.23	0.90
	海三棱藨草滩涂	413.13	28.98	0.97	0.79
	互花米草滩涂	0	0	132.21	2.52
	光滩	4 604.50	2 337.39	2 911.86	815.31
	合计	5 553.50	2 437.20	3 046.27	819.52

（2）南汇边滩

南汇边滩北起浦东国际机场，南至汇角，位于长江口和杭州湾之间，是长江口与杭州湾两股水流涨潮分流和落潮合流的缓流地区，同时由于促淤工程的作用，泥沙沉降明显，滩涂发育较快。本区域滩涂早期为芦苇滩涂、海三棱藨草滩涂和光滩，后来发现互花米草具有良好的促淤效果，在 20 世纪 90 年代末期被多次种植于中潮滩和高潮滩的下部。南汇边滩是上海市圈围强度最大的地区之一，临港新城和滴水湖就建立在新圈围的人工半岛上，植被滩涂所剩无几。

南汇边滩滩涂时空变化如表 3-4 所示，1988 年南汇总的滩涂面积为 6 911.19 hm²，主要由芦苇滩涂、海三棱藨草滩涂和光滩构成。随后由于工程促淤措施，滩涂淤涨的速度较快，滩涂面积也有所增加，1996 年，滩涂面积达到 7 700.22 hm²。期间，由于高滩被不断地圈围，致使分布在较高高程的芦苇滩涂面积锐减，从 1988 年的 1 089.06 hm² 下降至 1996 年的 455.67 hm²，而海三棱藨草滩涂和光滩的面积不断增加。1996 年后，随着互花米草在南汇边滩的不断扩散，该区域滩涂结构也发生变化。2000 年，滩涂主要由互花米草滩涂、芦苇滩涂、海三棱藨草滩涂和光滩构成，并呈带状分布。期间圈围加剧，并且不断向低滩区域延伸，同时互花米草加速入侵，导致芦苇滩涂和海三棱藨草滩涂面积下降，特别是芦苇滩涂，损失严重，滩涂总面积也下降至 3 577.82 hm²。2000 年后，互花米草滩涂已经发展为最主要的植被滩涂，但面积也随着圈围不断锐减，至 2009 年，面积不到 30 hm²，仅少量分布在大堤外侧，分布宽度 0～30 m 不等。2009 年，海三棱藨草滩涂和芦苇滩涂损失殆尽，遥感影像几乎难以分辨，野外实际调查发现，大堤外以互花米草滩涂和光滩为主，光滩面积也下降到 2 044.71 hm²，随着圈围的不断进行，滩涂面积还有不断减少的趋势。

（3）杭州湾北岸边滩

杭州湾北岸边滩自然淤涨缓慢，而近年来，由于长江来沙减少和河口边滩促淤拦沙工程及深水航道整治工程实施，进入杭州湾泥沙大减，使杭州湾北岸转为侵蚀期。该区域也是圈围强度较大的地区，圈围后滩涂变得较窄甚至没有。金山石化、上海化学工业区都相继建立在该区域的滩涂上，所以一直以来自然条件加上人类工程的影响，使该区域的滩涂变得很少。

杭州湾北岸边滩滩涂时空变化如表 3-4 所示，1988 年杭州湾北岸滩涂总面积为 5 553.5 hm²，包括 413.13 hm² 的海三棱藨草滩涂、535.88 hm² 的芦苇滩涂和 4 604.5 hm² 的光滩。由于 20 世纪 90 年代高强度、大规模的工业开发，滩涂湿地面积进一步减少，至 1996 年，滩涂面积仅为 2 437.2 hm²。为了加快滩涂的淤积，互花米草于 20 世纪 90 年代末期被引入该区域。到 2000 年，该区域滩涂面积有所增长（面积为 3 046.27 hm²），主要结构为互花米草滩涂、芦苇滩涂、海三棱藨草滩涂和光滩，互花米草滩涂面积达到 132.21 hm²，成为除光滩外，面积最大的植物群落。2000—2009 年，由于圈围工程的扩大和杭州湾北岸边滩侵蚀加剧，滩涂资源出现不可逆转的下滑，2009 年滩涂面积仅剩 819.52 hm²，包括互花米草滩涂和光滩。据 2009 年实地调查发现，杭州湾北岸边滩基本上已经没有海三棱藨草和芦苇的分布，这可能与边滩侵蚀和互花米草扩散有关。

3.2.2.2　长江口岛屿周缘

本研究将长江口岛屿周缘也分为 3 个部分，即崇明岛周缘、长兴岛周缘、横沙岛周缘。滩涂主要分布在崇明北滩、崇明东滩、长兴边滩（北沿、中央沙、青草沙）、横沙东滩等处。长江口岛屿周缘滩涂资源丰富，滩涂面积总体呈不断减小的趋势，至 2009年，滩涂面积为 30 002.47 hm^2（表 3-5）。

表 3-5　长江口岛屿及其周缘滩涂时空变化　　　　　　　　单位：hm^2

滩涂类型		1988 年	1996 年	2000 年	2009 年
崇明岛	海三棱藨草滩涂	5 813.16	2 105.32	1 759.39	1 885.47
	芦苇滩涂	8 101.09	5 125.93	2 517.32	2 609.78
	互花米草滩涂	0	0	1 658.79	2 850.39
	光滩	11 564.91	8 471.43	13 795.65	12 155.94
	合计	25 479.16	15 702.68	19 731.15	19 501.58
长兴岛	海三棱藨草滩涂	1 022.06	939.15	928.35	0.63
	芦苇滩涂	323.81	840.96	2 030.67	93.69
	互花米草滩涂	0	0	0	0
	光滩	3 216.94	978.57	3 033.45	1 411.38
	合计	4 562.81	2 758.68	5 992.47	1 505.70
横沙岛	海三棱藨草滩涂	261.38	108.54	212.67	0.51
	芦苇滩涂	264.94	136.98	275.4	97.92
	互花米草滩涂	0	0	0	0
	光滩	1 145.06	978.57	788.04	896.76
	合计	1 671.38	1 224.09	1 276.11	995.19

（1）崇明岛周缘

崇明岛周缘滩涂包括崇明东滩、崇明北沿、崇明南部边滩和崇明西部边滩（崇明西滩和东风西沙）。崇明岛是我国第三大岛，地处长江口，长江挟带的大量泥沙在此处淤积，给崇明岛带来了丰富的滩涂资源。崇明岛周缘滩涂淤涨迅速，是上海地区滩涂淤涨速度最快的区域之一，然而随着近些年圈围的加剧，特别是崇明东滩和北沿的大规模圈围，使该区域的滩涂面积总体上呈减小的趋势。

表 3-6　崇明岛周缘滩涂时空变化　　　　　　　　　单位：hm²

滩涂类型		1988 年	1996 年	2000 年	2009 年
崇明东滩	海三棱藨草滩涂	4 383	1 621.80	1 557.27	1 208.52
	芦苇滩涂	3 342.69	1 529.10	645.84	344.97
	互花米草滩涂	0	0	465.75	2 154.51
	光滩	7 839.72	7 063.11	7 509.69	4 861.08
	合计	17 553.41	12 210.01	12 178.55	10 578.08
崇明北沿	海三棱藨草滩涂	1 174.50	447.75	137.97	591.75
	芦苇滩涂	3 829.69	2 408.49	1 014.30	64.89
	互花米草滩涂	0	0	1 193.04	695.88
	光滩	1 764.19	642.78	3 357.72	2 446.56
	合计	6 768.38	3 499.02	5 703.03	3 799.08
崇明西部边滩	海三棱藨草滩涂	11.10	10.01	7.90	6
	芦苇滩涂	665.65	889.09	620.48	1 036.48
	互花米草滩涂	0	0	0	0
	光滩	1 574.44	574.20	2 661.39	5 698
	合计	2 251.19	1 473.30	3 289.77	6 740.48
崇明南部边滩	海三棱藨草滩涂	244.56	25.76	56.25	79.20
	芦苇滩涂	263.06	299.25	236.70	163.44
	互花米草滩涂	0	0	0	0
	光滩	386.56	191.34	266.85	150.50
	合计	894.18	516.35	559.80	393.14

①崇明东滩

崇明东滩是上海滩涂淤涨最快的区域之一，近 20 年来，1 m 等高线平均每年向东延伸 200 m。作为国际重要湿地和国家级自然保护区，崇明东滩拥有丰富的滩涂植被资源和动物资源，生物多样性较高。崇明东滩自然保护区区域总面积为 32 610 hm²，约占上海湿地总面积的 7.8%。核心区包括堤外滩涂面积 24 600 hm²，其中吴淞高程 0 m 以上滩涂面积 10 000 hm²。崇明东滩的各植被类型滩涂的时空动态如表 3-6 和图 3-8 所示。

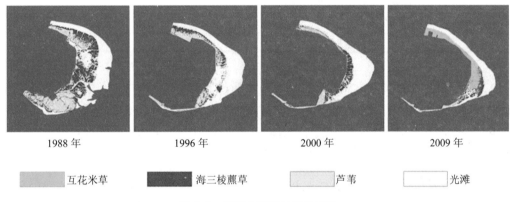

| 1988 年 | 1996 年 | 2000 年 | 2009 年 |

　■ 互花米草　　　　■ 海三棱藨草　　　　□ 芦苇　　　　□ 光滩

图 3-8　崇明东滩植被滩涂变化

崇明东滩在 1986 年圈围后，经历了近 2 年的自然发育演替，至 1988 年，其滩涂总面积已达 17 553.41 hm²，其中芦苇滩涂、海三棱藨草滩涂和光滩是主要类型，面积分别为 3 342.69 hm²、4383 hm² 和 7 839.72 hm²。随着崇明东滩向海淤涨，滩涂植被也以相应的速度向东发育。但是 1992 年和 1998 年的高滩圈围，使得芦苇滩涂面积大大减少。据资料记载，圈围后，芦苇滩涂仅零星分布在新大堤外。同时，为了加快滩涂的淤积，当地政府先后在 20 世纪 90 年代中后期组织过多次互花米草种植，首次将互花米草引入崇明东滩。1988—1996 年，崇明东滩滩涂的面积减少了 1/4，芦苇滩涂面积也削减至 1 529.1 hm²。截至 2000 年，崇明东滩滩涂面积为 12 178.55 hm²，除光滩外分布面积最大的是海三棱藨草滩涂，其面积为 1 557.27 hm²，芦苇滩涂的面积仅为 645.84 hm²。与此同时，外来种互花米草开始在崇明东滩定植，并且互花米草滩涂面积扩张到 465.75 hm²，由于互花米草的竞争，海三棱藨草滩涂的面积逐年减少。

2000 年之后，由于 01 大堤的建立，芦苇的生长环境遭到破坏，使得芦苇滩涂面积有所减少。而后随着植被的发育演替和崇明东滩保护区的建立，各植被滩涂面积有所增长，至 2009 年各植被类型滩涂面积增加至 10 578.08 hm²。互花米草滩涂在这个时期一直保持持续增长的趋势，至 2009 年，面积达到 2 154.51 hm²，仅次于光滩。而芦苇滩涂和海三棱藨草滩涂在这个阶段主要受互花米草扩散的影像，其面积先减少，后增加。互花米草逐渐成为崇明东滩的优势植物群落，而大片的芦苇滩涂和海三棱藨草滩涂主要分布在团结沙一带。

②崇明北沿

崇明北沿位于长江口北支以南沿岸，东起北八滧，西至兴隆沙西端，包括新生沙洲黄瓜一沙和黄瓜二沙及北湖周边的湿地。崇明北沿的各植被类型滩涂的时空变化如表 3-6 所示。

由于长江口的发育，长江北支也在逐渐萎缩，滩涂也处于淤涨中。受圈围等人类活动的影响，崇明北沿的滩涂湿地一度有所减少，但随着滩涂的自然淤涨及人工工程促淤的影响，崇明北沿滩涂有所增加，但 2000 年后，随着北沿大规模圈围工程的进行，滩涂面积又呈较大幅度的减少。

1988 年崇明北沿滩涂总面积为 6 768.38 hm²，当时的主要植被类型滩涂为芦苇滩涂、海三棱藨草滩涂和光滩，沿不同的高程呈带状分布，面积分别为 3 829.69 hm²、1 174.5 hm² 和 1 764.19 hm²。随后由于工程的影响，海三棱藨草滩涂、芦苇滩涂和光滩的面积逐渐减少，至 1996 年面积分别为 447.75 hm²、2 408.49 hm² 和 642.78 hm²。20 世纪 90 年代末期，由于互花米草具有良好的促淤功能，被引入崇明北滩，主要分布在北八滧和北六滧之间，新生的沙洲黄瓜一沙和二沙也相继引种互花米草。到 2000 年互花米草滩涂的面积达到 1 193.04 hm²。由于互花米草的竞争，海三棱藨草滩涂和芦苇滩涂的面积进一步减少，而光滩由于滩涂淤涨发育，面积大量增加。2000 年后，由于北湖的建成及大规模圈围工程的开展，各植被类型滩涂损失严重，特别是位于高滩的芦苇滩涂，面积锐减至不到 100 hm²。由于圈围主要集中在高程较高的芦苇滩涂和互花米草滩涂，因此莎草科植物滩涂面积随着滩涂发育，面积有所增长，至 2009 年达到 591.75 hm²。互花米草滩涂虽然受到圈围的影像，面积不断减少，但仍然是北沿除光滩外最主要的植被类型滩涂，2009 年其面积为 695.88 hm²。由于互花米草扩散能力强，又被当地多次种植于需要促淤的沙洲上，因此其面积有快速增长的趋势。虽然北沿地区在快速淤涨，但圈围规模也很大，圈围速度大于淤涨速度，因此该区域的光滩面积还是在不断减少，至 2009 年，光滩面积为 2 446.56 hm^2。

③崇明西部边滩

崇明西部边滩北起永隆沙，南至南门港，是长江口南支北侧的潮间带湿地。其各植被类型滩涂的时空动态见表 3-6。

崇明西部边滩植被以本地种芦苇和海三棱藨草为主，没有引入互花米草，因此，滩涂类型为芦苇滩涂、海三棱藨草滩涂和光滩。由于 20 世纪 80 年代工程活动的影响，崇明西部滩涂植被资源所剩无几。据遥感影像解译分析，1988 年崇明西部边滩滩涂总面积为 2 251.19 hm^2。随后受到人为活动的影响，一直呈减少的趋势，至 1996 年，滩涂总面积已减少至 1 473.3 hm^2。随着滩涂的淤涨，人类活动的减弱，滩涂面积不断增加，特别是东风西沙一直保持着比较单一的芦苇滩涂、海三棱藨草滩涂和光滩，到 2000 年，西部滩涂面积增长到 3 289.77 hm^2。近年来由于陆化进程，耐盐碱的垂柳（*Salix babylonica*）、水杉（*Metasequoia glyptostroboides*）等苗木在 2000 年前后逐渐种植于滩涂上的芦苇中，随后，西滩种植在芦苇滩涂上的乔木如垂柳和水杉开始生长，芦苇滩涂逐渐演变为滩涂防护林地。后来由于圈围工程的影响，东风西沙的植被滩涂也受到影响，芦苇滩涂和海三棱藨草滩涂仅分布在人工大堤外，其余多为光滩。但是滩涂淤涨的态势明显强于圈围的速度，到 2009 年，崇明西部边滩滩涂总面积已达 6 740.48 hm^2，主要为芦苇滩涂和光滩。芦苇滩涂的面积为 1 036.48 hm^2，主要带状分布在防护林带外侧的潮滩上。2009 年实地调查时发现海三棱藨草滩涂的面积很少，仅零星分布在一些湾口，面积已经几乎不能从遥感影像上识别出来。

④崇明南部边滩

崇明南部边滩西起南门港，东至陈家镇的奚家港，与崇明东滩自然保护区相连。该区域是崇明开发力度较大的岸线，包括沿岸的城镇和码头，有南门港，新河港和堡镇港。崇明南部边滩的植被滩涂较少，仅零星分布在一些局部湾口。南门港和新河镇之间植被滩涂很窄，局部甚至没有分布；植被滩涂主要分布在新河港和堡镇港之间，分布宽度为 10～100 m。其各植被类型滩涂的时空动态见表 3-6。

1988 年，崇明南部边滩面积为 894.18 hm^2，芦苇滩涂、海三棱藨草滩涂和光滩的数量比较平均。其后由于城镇化的建设，滩涂曾一度减少，面积从 1988 年的 894.18 hm^2

减少至 1996 年的 516.35 hm²，其中海三棱藨草滩涂的减少最为明显。随着滩涂的逐渐淤高，滩涂面积略有增加，到 2000 年，滩涂面积为 559.8 hm²。而在 2000 年后，随着崇明城镇化的加快，滩涂面积再次减少，种植于芦苇带的林木逐渐发育，形成新的防护林，芦苇滩涂也明显减少。至 2009 年崇明南部边滩滩涂总面积为 393.14 hm²，芦苇滩涂面积 163.44 hm²，海三棱藨草滩涂面积 79.2 hm²，光滩面积 150.5 hm²。

（2）长兴岛周缘

长兴岛各植被类型滩涂的时空变化如表 3-5 所示。长兴岛受人类活动的干扰较大，滩涂局部处于自然生长发育状态，但某些岸段因为工业、码头等人类活动的影响，几乎只剩光滩分布。

1988 年长兴岛滩涂总面积为 4 562.81 hm²，主要类型为芦苇滩涂、海三棱藨草滩涂和光滩，主要分布于长兴岛西北角的青草沙和中央沙。后来，由于人类活动的加剧，滩涂面积有所减少，至 1996 年，滩涂面积为 2 758.68 hm²。1996 年后，人类的工程活动减少，滩涂淤涨明显，滩涂面积增长到 5 992.72 hm²，海三棱藨草滩涂面积较为稳定，而芦苇滩涂和光滩有较明显的增加。而后，随着一些工程项目的影响，如青草沙水库的建设，中央沙的圈围，长兴江南造船厂的建设，滩涂湿地植被退化较严重，2009 年植被滩涂几乎被圈围殆尽，仅在堤外存在少量光滩，滩涂面积 1 505.07 hm²，芦苇滩涂和海三棱藨草滩涂的面积不到 100 hm²。

互花米草于 20 世纪 90 年代被引入长兴岛的西北角的中央沙一带，当时主要目的是为了保滩促淤，随后互花米草开始定居。但由于圈围等人类活动的影响，再加上生态位等自然条件的限制，互花米草滩涂未有增加，甚至已经消失。

（3）横沙岛周缘

横沙岛的滩涂植被分布较少，主要植被为芦苇和海三棱藨草，相对较宽的植被带分布在横沙东滩和横沙岛南侧，滩涂类型主要为芦苇滩涂、海三棱藨草滩涂和光滩。横沙岛植被类型滩涂的时空变化如表 3-5 所示。该岛也受人类活动的干扰较大，滩涂局部处于自然生长发育状态，但某些岸段因为工业，码头等人类活动的影响，几乎没有植被滩涂的分布。

1988 年横沙岛滩涂总面积为 1 671.38 hm²，主要为芦苇滩涂、海三棱藨草滩涂和光滩。大面积的植被滩涂主要分布在横沙东滩。后来随着横沙东滩的淤涨，植被滩涂也逐渐向东淤涨发育。但是，人类活动干扰的力度明显大于滩涂淤涨速度，因此，该区域滩涂面积不增反降，至 1996 和 2000 年，滩涂总面积分别为 1 224.09 hm^2 和 1 276.11 hm^2。2000 年后，随着一些工程项目力度的加大，如横沙岛西侧的滩涂和横沙东滩相继被圈围，致使植被滩涂损失殆尽。2009 年，只剩下横沙岛南侧分布植被滩涂，主要分布在大堤外，宽度 30~200 m。被圈围的横沙西滩外也零星分布着新生的海三棱藨草滩涂。高潮滩的芦苇滩涂面积与 2000 年相比减少了近 2/3，海三棱藨草滩涂更是微乎其微。2009 年滩涂总面积为 995.19 hm^2。

3.2.2.3　长江口江心沙洲

九段沙的母体原是长江河口横沙沙体的复合体。大约在 19 世纪中后期，此时的河口拦门沙及铜沙浅滩的北侧被洪水冲开，北港河道形成并迅速发展，南支下段成为南北两港并存的复式河道，而两港河道之间的浅滩在双向水流的作用下，一方面部分悬浮物在中高潮滩落淤，另一方面由南支搬运下移的底沙被合并到江心沙洲，使沙洲一直保持不断的淤涨外延。九段沙 2003 年被确定为上海市九段沙湿地自然保护区，2005 年晋级为国家级自然保护区，是迄今为止上海市面积最大、自然状态保持最完整的河口潮滩湿地。九段沙包括上沙、中沙、下沙和江亚南沙。其过去 20 余年的各植被类型滩涂变化情况如图 3-9、图 3-10 所示。

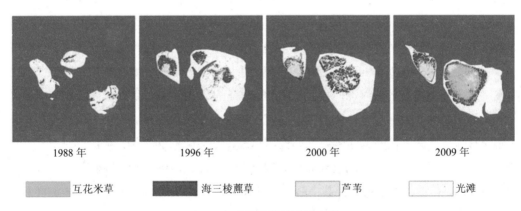

| 1988 年 | 1996 年 | 2000 年 | 2009 年 |

互花米草　　海三棱藨草　　芦苇　　光滩

图 3-9　九段沙植被滩涂变化

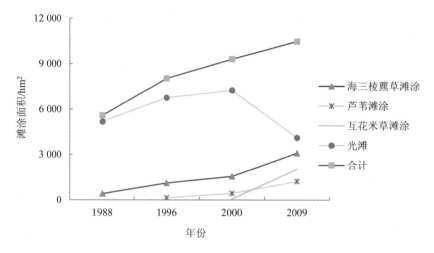

图 3-10　九段沙变化趋势

据文献记载，高等植被在 20 世纪 80 年代开始定居于九段沙，至 1988 年滩涂面积为 5 583.24 hm²，当时主要以海三棱藨草滩涂和光滩为主，由于江亚南沙尚未浮出水面，因此植被滩涂主要分布在上沙、中沙、下沙。随着滩涂的淤涨，面积不断增加，1996年九段沙滩涂面积达到 8 028.45 hm²。这一期间芦苇在上沙定植繁衍，芦苇滩涂面积达144 hm²。先锋植物海三棱藨草在九段沙迅速扩张，上沙和中沙、下沙上的海三棱藨草滩涂面积分别达到 434.52 hm² 和 683.82 hm²。江亚南沙也冲淤成型，面积为 60.84 hm²，基本上为光滩。1997 年互花米草和芦苇被引入中沙和下沙，随后芦苇和互花米草逐渐在中沙和下沙定居。至 2000 年，滩涂总面积已达到 9 306.27 hm²，海三棱藨草滩涂是当时除光滩外分布面积最大的滩涂，面积达 1 558.89 hm²。上沙中，海三棱藨草由于受到芦苇的竞争，滩涂面积减少至 261.81 hm²，而芦苇滩涂面积增加至 378.45 hm²。中沙、下沙则相对稳定，海三棱藨草随着滩涂的淤涨迅速扩张。随后的几年，滩涂继续发育，但是由于人类工程的影响，九段沙面积有所萎缩，至 2009 年九段沙滩涂总面积为10 479.14 hm²，形状日趋稳定。其中海三棱藨草滩涂的面积增加到 3 100.7 hm²，并且已经在江亚南沙上有大面积分布，是九段沙分布面积最大的滩涂。至 2009 年，互花米草滩涂的面积已扩散至 2 034.99 hm²，主要分布在中沙、下沙；芦苇滩涂的面积为1 229.81 hm²，上沙、中沙和下沙均有分布。

3.2.3 滩涂圈围的动态变化

上海北枕长江口，南濒杭州湾，面向东海，长江每年下泄数亿吨泥沙，给长江口及杭州湾潮间带和潮下带地区带来了丰富的滩涂资源，为上海建成国际经济、金融、贸易、航运中心之一提供了空间和资源条件。上海在 1949—1995 年的 46 年间，每次圈围滩涂万亩以上共 22 次，沿江沿海圈围滩涂共 72 316 hm²，年平均圈围 2.3 万亩，"九五"期间，年均圈围约 3.6 万亩。其中，崇明地区圈围滩涂最多，占全市圈围面积的 66.3%；第二位是奉贤地区，占全市圈围面积的 14.6%；第三位是南汇地区，占全市圈围面积的 8.8%。

近 20 余年，在上海滩涂湿地不断淤涨的同时，上海市有关部门还对滩涂进行了大规模圈围。遥感分析表明近 20 余年的累积圈围 681.08 km²。其中崇明东滩、崇明北沿、南汇东滩、长兴岛和横沙岛的圈围规模最大，累积圈围达 605.82 km²（图 3-11、图 3-12、图 3-13、表 3-7）。

（1）崇明东滩近 20 余年累积圈围已达 11 169 hm²。其中 1988—2000 年圈围规模较大，共圈围滩涂 10 467 hm²，年均圈围滩涂 872.25 hm²。2000 年后，由于崇明东滩鸟类国家级自然保护区的创建和人们生态保护意识的加强，对崇明东滩的圈围力度明显减小，仅在 98 堤外围进行小规模圈围。2000—2009 年仅圈围滩涂 702 hm²，年均圈围滩涂 78 hm²。

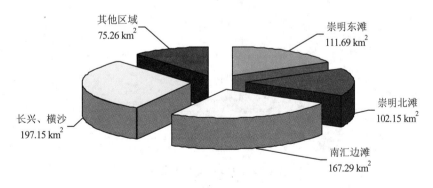

其他区域
75.26 km²

崇明东滩
111.69 km²

崇明北滩
102.15 km²

长兴、横沙
197.15 km²

南汇边滩
167.29 km²

图 3-11 不同区域圈围

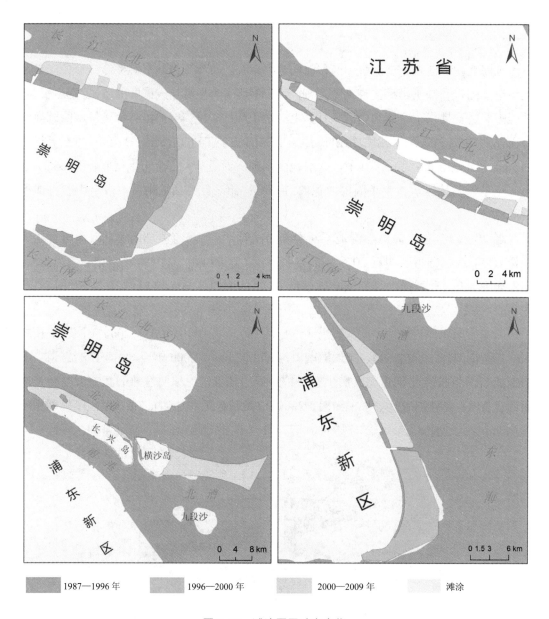

| | 1987—1996 年 | | 1996—2000 年 | | 2000—2009 年 | | 滩涂 |

图 3-12　滩涂圈围动态变化

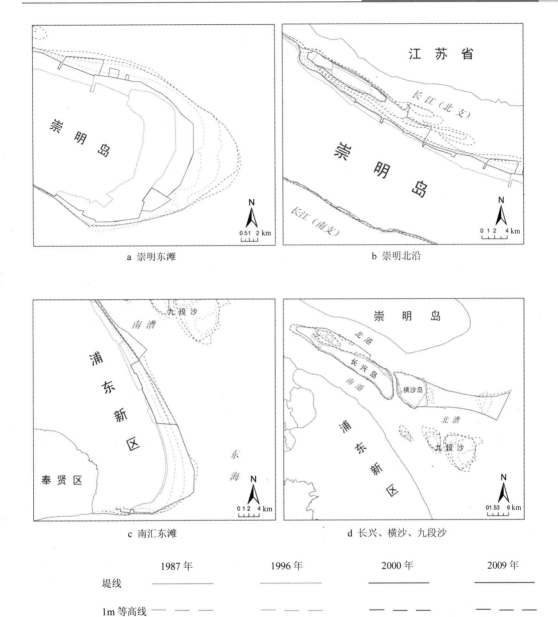

a 崇明东滩

b 崇明北沿

c 南汇东滩

d 长兴、横沙、九段沙

	1987 年	1996 年	2000 年	2009 年
堤线				
1m 等高线				

图 3-13　滩涂堤线和 1 m 等高线动态变化

表 3-7　滩涂圈围的面积变化

圈围年份	崇明东滩		崇明北沿		南汇东滩		长兴、横沙岛	
	圈围面积/km²	圈围强度/(km²/a)	圈围面积/km²	圈围强度/(km²/a)	圈围面积/km²	圈围强度/(km²/a)	圈围面积/km²	圈围强度/(km²/a)
1987—1996	71.93	8.99	42.73	5.34	26.20	3.28	5.83	0.73
1996—2000	32.74	8.19	4.03	1.01	92.37	23.09	1.19	0.29
2000—2009	7.02	0.78	55.39	6.15	48.72	5.41	190.13	21.13
合计	111.69	5.32	102.15	4.86	167.29	7.97	197.15	9.39

（2）崇明北沿地区近 20 余年累积圈围 10 215 hm²。1988—2000 年圈围规模较大，主要圈围区域在崇明北滩和新隆沙，共圈围滩涂 4 273 hm²，年均圈围滩涂 534.13 hm²。1996—2000 年，仅在新隆沙边缘和崇明北滩小规模圈围，共圈围滩涂 403 hm²，年均圈围滩涂 100.75 hm²。2000—2009 年，圈围规模最大，目前崇明北滩、新隆沙、黄瓜沙等地已被全部圈围，共圈围 5 539 hm²，年均圈围 615.44 hm²，圈围力度还有明显加强的趋势。

（3）南汇东滩近 20 余年累积圈围滩涂 16 729 hm²，且圈围力度有加强的趋势。1988—2000 年，对南汇东滩的圈围力度较小，仅略超过 2 600 hm²，年均圈围滩涂 327.5 hm²，圈围区域主要在靠近老堤岸 1 km 以内。1996—2000 年，圈围滩涂 9 237 hm²，圈围范围主要在浦东机场以东区域与芦潮港以东区域，年均圈围 2 309.28 hm²，圈围力度大大超过 1996 年之前的 8 年。2000—2009 年，圈围范围主要集中在浦东机场南端区域，这一期间，圈围滩涂 4 872 hm²，年均圈围滩涂 541.33 hm²。

（4）长兴岛、横沙岛 20 余年累积圈围滩涂 19 715 hm²。其中 1988—2000 年圈围力度较小，仅在两岛边缘进行小规模圈围，圈围滩涂 702 hm²，年均圈围滩涂 58.5 hm²。2000 年后，随着青草沙水源地和长江口深水航道等工程上马，长兴、横沙两岛的圈围力度呈现明显加强的趋势。2000—2009 年，圈围滩涂 19 013 hm²，年均圈围滩涂 2 112.56 hm²，圈围区域主要集中在中央沙、青草沙和横沙东滩等处。

滩涂资源的开发利用对工农业生产和城市发展以及国民经济的全面发展发挥了重要作用，圈围的土地主要用于交通枢纽、现代农业、工业基地、生态保护、城市和市政基础设施建设以及国防建设、旅游等方面。其中，用于交通枢纽主要包括上海停靠万吨轮的港区、浦东国际机场等建设用地；用于现代农业主要包括崇明岛光明和上实集团的现代化农场、南汇及奉贤沿岸的现代化养殖业和种植业基地；用于工业基地主要包括上海石化股份有限公司、上海化学工业园区和芦潮港海港新城等；用于生态保护主要包括华东地区最大的平原人造森林—东平国家森林公园、炮台湾湿地森林公园、西沙湿地公园、崇明岛地质公园、崇明东滩自然保护区、九段沙湿地自然保护区和长江口中华鲟自然保护区等用地；用于城市和市政基础设施建设的主要包括蓄水量达 2000 万 m³ 的青草沙水库、宝钢和陈行边滩水库、崇明东风西沙水库，以及老港生活垃圾和固体废物处置基地各种废弃物的堆场等；用于旅游等方面主要包括奉贤碧海金沙、金山城市沙滩和南汇嘴观海公园等，还有许多在建的一些重大项目。总之，滩涂资源的利用已从原始开发历经传统开发步入了现代开发阶段。

3.3　小结

滩涂湿地是单位面积上生态服务价值最高的生态系统之一，极具生态价值。但是由于它的开放性，具有对干扰的高度敏感性，使得生态系统比较脆弱。滩涂植被是滩涂湿地生态系统的重要组成部分，具有多种环境资源价值和生物多样性功能，生物和土地资源也均有很大的潜在利用前景。虽然长江口滩涂在不断淤涨，但近年来由于人类活动的影响已使滩涂湿地面积锐减，滩涂质量下降，外来物种的入侵也使得湿地生态系统的结构和功能已有所改变，上海滩涂资源的可持续开发利用面临诸多的问题和挑战。

从滩涂总面积的变化来看，由于 20 世纪 80 年代末到 90 年代初大规模的滩涂圈围，使上海地区滩涂湿地不断减少；1996 年之后，滩涂面积保持增加的趋势，到 2000 年，滩涂面积增加到 43 420.59 hm²；2000 年以后，由于高强度的圈围活动，滩涂面积又有较大程度的减少，至 2009 年，总面积下降为 35 649.42 hm²。从滩涂构成的变化来看，外来物种互花米草在上海地区滩涂从无到有，并逐渐增加，到 2009 年，已成为上海滩涂上分布面积最大的植被滩涂；而芦苇滩涂和海三棱藨草滩涂的面积由于受到人为干扰和互花米草入侵的影响，一直处于减少的趋势；光滩的面积变化较为复杂，虽然中间有些许波动，但总体上还是处于减少的趋势。

第 4 章
上海滩涂湿地生态环境质量现场调查

4.1 调查方法

4.1.1 断面设置

由于上海地区平均海平面在 1.5~2 m（吴淞 0 m 线），最低低潮位在 0.5~1 m（吴淞 0 m 线），按照《湿地公约》中的标准，湿地高程下限为水深 6 m，因此，本研究拟以吴淞 0 m 线以下 5 m 为高程下限，即监测范围是堤坝以外至−5 m 等深线。本研究拟设置监测断面 19 个，如表 4-1 和图 4-1 所示。

表 4-1　野外调查样区分布表

类型	名称	样带位置
大陆边滩	宝山边滩	石洞口码头（3）、吴淞口（4）
	浦东边滩	三甲港（4）、浦东机场东（5）
	南汇边滩	滴水湖（4）、芦潮港（1）
	杭州湾北沿边滩	金汇港（5）、龙泉港（1）
岛屿周缘边滩	崇明东滩	团结沙（3）、捕鱼港（8）
	崇明北滩	崇启大桥东（4）
	崇明西滩	西沙湿地（4）、西滩（4）
	崇明南滩	新河港（3）
	长兴岛周缘边滩	长兴西（3）、长兴东（3）
	横沙岛周缘边滩	横沙南（4）
江心沙洲	九段沙	上沙（5）、中沙（5）

注：括号内为样区数量。

图 4-1　野外调查样点空间分布

4.1.2　调查方法

4.1.2.1　水环境质量

在每个调查样区附近浅水域（0~6 m 水域）断面设置水样取点位 1 个，共计 19 个，主要监测指标包括高锰酸盐指数、化学需氧量、5 日生化需氧量、溶解氧、氨氮、总氮、总磷、石油类。

4.1.2.2　沉积物环境质量

在上海市滩涂潮间带区采集底泥样，每个断面样地数目根据滩涂植被分布状况确定，每个取样地在直径 10 m 范围内选择 4 个 0~20 cm 表层沉积物混合。监测指标主要包括 pH、重金属（As、Cd、Cr、Cu、Ni、Pb、Zn、Hg）、石油类、有机质、总碳、总氮、总磷。其中 pH 使用的是 IQ150 便携式 pH/MV/温度测定仪直接测量，测量 pH 时使用 HI1053 针式玻璃复合电极。沉积物总碳、总氮的测量，是将烘干研磨后的沉积物样品在 100 目的筛网中过筛，取过筛土样 50 mg，使用碳氮分析仪 Thermo Flash EA1112 获得其总碳、总氮含量。总磷采用 HNO_3-$HClO_4$-HF 消解，ICP-AES 测定。沉积物有机质的测定采用重铬酸钾容量法，石油类的测定采用红外分光光度法。同时，采用 USEPA6010C—2007 方法对沉积物重金属 As、Cd、Cr、Cu、Ni、Pb、Zn 进行测定，而重金属 Hg 则采用的是冷原子吸收分光光度法（GB/T 17136—1997）测得。

4.1.2.3　底栖动物

在每个调查样区设置底栖动物调查样地断面，样地个数与沉积物样地数量一致，每个样地内取 4 个平行样方，每个样方大小为 25 cm×25 cm×20 cm。主要调查内容包括底栖动物物种组成、分布特征及生物多样性。

4.1.2.4　浮游生物

在每个调查样区附近浅水域（0～6 m 水域）断面设置水样取点位 1 个，共计 19 个，主要调查内容包括浮游动植物物种组成、分布特征及生物多样性。

4.2　研究结果

4.2.1　水环境质量

4.2.1.1　单因子污染指数

通过对调查样区附近浅水域（0～6 m 水域）水样进行监测，对各个水质指标（高锰酸盐指数、化学需氧量、5 日生化需氧量、溶解氧、氨氮、总氮、总磷、石油类）采用单因子污染指数进行评价，如式（4-1）所示，评价标准参照《地表水环境质量标准》（GB 3838—2002）III 类水质标准限值，

$$p_i = \frac{c_i}{s_i} \tag{4-1}$$

式中：p_i——某一评价指标的单因子污染指数；

　　　c_i——某一评价指标的实测值；

s_i——某一评价指标的标准值。

（1）高锰酸盐指数（COD_{Mn}）

从高锰酸盐单因子污染指数结果来看（图 4-2），11 个样区的水体高锰酸盐指数均满足地表水环境质量Ⅲ类标准及以上，其中宝山边滩的高锰酸盐指数达到地表水Ⅱ类标准；且除宝山边滩外，大陆边滩的 COD_{Mn} 指数普遍略高于岛屿周缘边滩及河口沙洲湿地，但差异不明显。

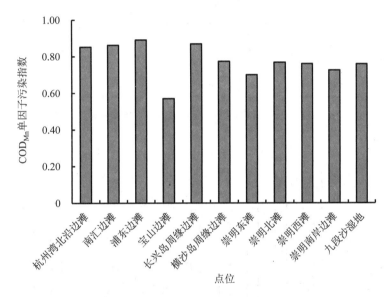

图 4-2　各点位高锰酸盐单因子污染指数

（2）化学需氧量（COD_{Cr}）

从化学需氧量监测数据来看，所有点位水体 COD_{Cr} 浓度都达到地表水Ⅲ类标准及以上，其中宝山边滩的化学需氧量达到地表水环境质量Ⅰ类标准；大陆边滩 COD_{Cr} 浓度略高于其他点位；而崇明东滩、北滩、南岸边滩、西部边滩和九段沙的水体 COD_{Cr} 浓度差异不大（图 4-3）。

（3）5 日生化需氧量（BOD_5）

从 BOD_5 单因子污染指数评价结果来看，除宝山边滩水体满足地表水Ⅲ类标准外，其他点位 BOD_5 均属于Ⅳ类水质；总体而言，大陆边滩 BOD_5 单因子污染指数略高于岛屿周缘边滩和九段沙湿地，但差异并不明显（图 4-4）。

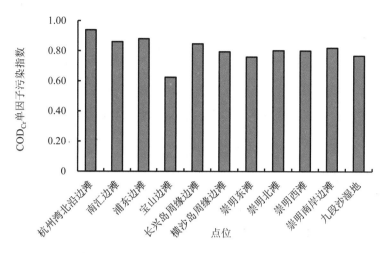

图 4-3　各点位化学需氧量单因子污染指数

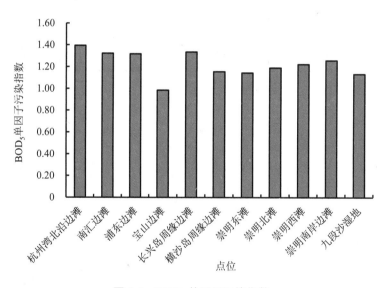

图 4-4　BOD$_5$ 单因子污染指数

（4）溶解氧（DO）

从 DO 监测结果来看，崇明东滩、南岸边滩、西滩及北滩均达到地表水 I 类标准，杭州湾北沿边滩、南汇边滩、宝山边滩、长兴岛周缘边滩、横沙岛周缘边滩及九段沙湿地都满足地表水环境 II 类标准，而浦东边滩则为地表水 III 类标准（图 4-5）。总的来看，大陆边滩 DO 单因子污染指数高于岛屿周缘边滩及河口沙洲湿地，且差异较明显。

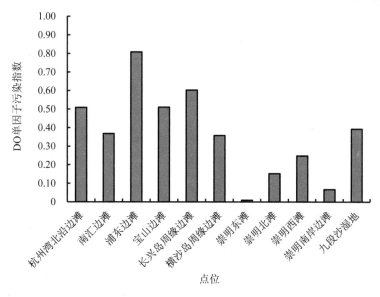

图 4-5　DO 单因子污染指数

（5）氨氮（NH₃-N）

从氨氮单因子污染指数评价结果来看，浦东边滩水体氨氮浓度为国家地表水环境Ⅳ类标准；崇明东滩、北滩及九段沙湿地达到地表水Ⅰ类标准；杭州湾北沿边滩、南汇边滩、宝山边滩、横沙岛周缘边滩及崇明南岸边滩满足Ⅱ类标准；长兴岛周缘边滩氨氮为Ⅲ类标准。并且，由图 4-6 可知，大陆边滩氨氮浓度显著高于岛屿周缘边滩及九段沙湿地，而岛屿周缘边滩及九段沙湿地氨氮浓度差异并不显著。

（6）总氮（TN）

从总氮单因子污染指数评价结果来看，整个上海市滩涂水体水质总氮浓度都较高。从地表水环境质量标准来看，水体总氮浓度都为Ⅴ类或以下（图 4-7）。可见，整个上海市滩涂水体中总氮含量较高，污染较为普遍。

（7）总磷（TP）

从总磷单因子污染指数评价结果来看，和总氮一样，整个上海市滩涂水体水质总磷浓度也偏高。11 个点位水体总磷浓度都为Ⅳ类及以下，并且，大陆边滩水体总磷浓度普遍高于岛屿周缘边滩和九段沙湿地（图 4-8）。

（8）石油类（Petroleum）

从石油类单因子污染指数评价结果来看，整个上海市滩涂水体石油类含量较低，除了长兴岛周缘边滩、横沙岛周缘边滩石油类浓度大于 0.05 mg/L，为地表水Ⅳ类标准之外，其他都小于 0.05 mg/L，满足地表水Ⅰ类标准；并且，南汇边滩和宝山边滩水体的石油类浓度低于最低检出限 0.01 mg/L，显示为未检出；整体而言，岛屿周缘边滩及九段沙湿地水体石油类浓度略高于大陆边滩（图4-9）。

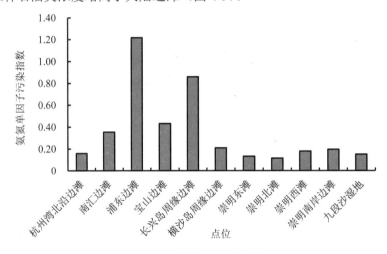

图 4-6   氨氮单因子污染指数

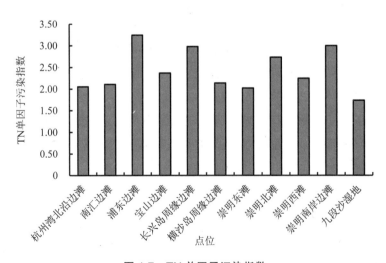

图 4-7   TN 单因子污染指数

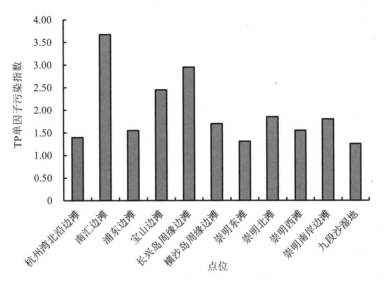

图 4-8　TP 单因子污染指数

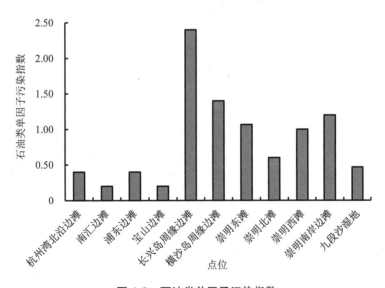

图 4-9　石油类单因子污染指数

4.2.1.2　综合水质标识

在对各水质指标进行单因子污染指数评价后，采用"综合水质标识指数法"对各点位水质进行综合评价，如式（4-2）所示：

$$WQI = X_1 X_2 X_3 X_4 \qquad (4-2)$$

式中：WQI——综合水质标识指数；

X_1——综合水质级别；

X_2——综合水质在该级别水质变化区间中所处的位置，根据式（4-2）按四舍五
入原则计算确定；

X_3——参与综合水质评价的单项水质指标中，劣于水环境功能区目标的指标个数；

X_4——综合水质类别与水体功能区类别的比较结果，视综合水质的污染程度，X_4
为一位或两位有效数字。

评价结果如表 4-2 和图 4-10 所示。

表 4-2　上海滩涂湿地综合水质标识指数及类别

样地	综合水质标识指数	综合水质类别
杭州湾北沿边滩	3.6	III
南汇边滩	3.8	III
浦东边滩	4.15	IV
宝山边滩	3.8	III
长兴岛周缘边滩	3.42	III
横沙岛周缘边滩	3.18	III
崇明东滩	3.2	III
崇明北滩	3.45	III
崇明西滩	3.3	III
崇明南滩	3.5	III
九段沙湿地	3.28	III

从表 4-2 和图 4-10 可以看出，依据综合水质标识指数法计算得出的综合水质类
别，上海市滩涂湿地 11 个样地中，有 10 个点位为 III 类水，1 个为 IV 类水，其中，

Ⅳ类水点位为浦东边滩。整体而言，大陆边滩的水质比岛屿周缘边滩及九段沙湿地的水质要差。

图 4-10 上海滩涂湿地综合水质标识指数

4.2.2 沉积物环境质量

本研究结合滩涂沉积物养分质量和环境质量，提出沉积物质量指数法，对上海市滩涂湿地沉积物环境调查结果进行综合评价，评价结果能够较全面地反映本次调查内容，给出较为真实的滩涂沉积物质量现状，为指导滩涂湿地管理和保护措施提供支持。

4.2.2.1 沉积物养分质量评价

选取沉积物 pH、有机质、总氮、总磷 4 个因子作为评价指标,模糊隶属度函数模型作为评价方法。为了避免人为主观影响,本研究采用相关系数法确定评价因子的权重。首先,计算单项评价指标之间的相关系数,然后求某评价指标之间相关系数的平均值 r_{ave},并以该平均值占所有评价指标相关系数平均值总和($\sum r_{ave}$)的比($r_{ave}/\sum r_{ave}$),作为该单项评价指标的权重,从而使结果更为客观,各指标权重值如表 4-3 所示。权重系数由高到低依次为有机质>pH>总氮>总磷。权重系数的确定说明有机质、pH 和总氮在研究区域沉积物养分质量评价中影响较大。

表 4-3　各评价指标的相关系数平均值和权重系数

评价指标	相关系数平均值 r_{ave}	权重系数($r_{ave}/\sum r_{ave}$)
pH	0.647 6	0.265 5
TN	0.611 8	0.250 8
TP	0.515 4	0.211 3
有机质	0.664 4	0.272 4

由于评价指标之间缺乏可比性,因此利用隶属度函数进行归一化处理。结合前人研究成果,确定戒上型隶属度函数作为沉积物有机质、总氮、总磷的隶属度函数,其函数为 $I(X)$:

$$I(X) = \begin{cases} 1.0 & X \geqslant X_2 \\ \dfrac{0.9(X - X_1)}{X_2 - X_1} & X_1 \leqslant X < X_2 \\ 0.1 & X < X_1 \end{cases} \quad (4\text{-}3)$$

结合研究区实际,参照全国沉积物养分分级标准,确定沉积物有机质、全氮、全磷的转折点 X_1、X_2 的值。各指标隶属度函数转折点 X_1、X_2 取值如表 4-4 所示。

表 4-4　沉积物肥力各项指标隶属度曲线转折点取值

评价指标	有机质/（g/kg）	总氮/（g/kg）	总磷/（g/kg）
X_1	6	0.5	0.4
X_2	40	2	2

考虑到，pH 指标值对沉积物功能（如生产力）有一个最佳适宜范围，超过此范围，随着偏离程度的增大，对沉积物功能的影响越不利，直达某一值时沉积物丧失其功能。因此，选取抛物线形隶属函数作为上海滩涂沉积物 pH 的隶属度函数，其表达式为：

$$\mu(x) = \begin{cases} 1 & b_1 \leqslant x \leqslant b_2 \\ \dfrac{x - a_1}{b_1 - a_1} & a_1 < x < b_1 \\ \dfrac{a_2 - x}{a_2 - b_2} & b_2 < x < a_2 \\ 0 & x \leqslant a_1 或 x \geqslant a_2 \end{cases} \tag{4-4}$$

本研究中，pH 评价模型中 a_1、a_2、a_3、a_4 取值参照上海市绿化沉积物质量标准，分别取值为 4.5、8.5、6.5、7.8。

沉积物养分综合指标值运算表达式为：

$$\text{IFI} = \sum W_i \times I_i \tag{4-5}$$

式中：IFI——沉积物养分综合指标值，取值为 0~1，其值越高，表明沉积物肥力质量越好；

W_i、I_i——评价指标权重值和隶属度值。

基于以上各评价指标权重值和归一化值，按照养分综合评价方法，得出研究区域各沉积物养分的评价值，如表 4-5 所示。

表 4-5　上海滩涂湿地沉积物养分质量评价指数

评价区域	沉积物养分指数 IFI 变化范围/%	均值	标准差	变异系数
杭州湾北沿边滩	22.46~45.8	0.385 5	0.095 3	0.247 2
南汇边滩	28.94~55.45	0.444 7	0.138 8	0.311 0
浦东边滩	53.11~68.55	0.583 6	0.066 0	0.113 0
宝山边滩	48.52~57.42	0.514 8	0.038 0	0.073 8
崇明东滩	34.39~71.28	0.554 4	0.155 9	0.281 2
崇明岛周缘边滩	31.09~61.24	0.506 6	0.094 4	0.186 3
长兴岛周缘边滩	43.73~71.2	0.534 2	0.129 6	0.242 6
横沙岛周缘边滩	48.98~70.57	0.577 9	0.113 3	0.196 0
九段沙	16.97~65.64	0.421 5	0.156 5	0.371 4

从评价指标的均值来看，浦东边滩的评价值最高，达到 0.583 6，横沙岛周缘边滩次之，为 0.577 9，杭州湾北沿边滩的评价值最低，为 0.385 5；从变化范围来看，九段沙的养分质量评价值波动范围较大，宝山边滩较小；通过对变异系数的研究发现，九段沙的养分质量差异最大，而宝山边滩的养分质量较为均一。评价区域养分质量高低排序为：浦东边滩＞横沙岛周缘边滩＞崇明东滩＞长兴岛周缘边滩＞宝山边滩＞崇明岛周缘边滩＞南汇边滩＞九段沙＞杭州湾北沿边滩。

4.2.2.2　沉积物环境质量评价

根据国家沉积物环境质量标准，选取重金属 As、Cd、Cr、Cu、Ni、Pb、Zn、Hg 及石油类作为上海滩涂湿地沉积物环境质量评价指标，重金属评价标准的选取参照沉积物环境质量标准的自然背景值（GB 5618—1995），石油类的评价则以《荷兰环境污染物标准》沉积物中石油烃总量参考值（50 mg/kg）为标准，采用单因子污染指数（P_i）和内梅罗综合污染指数（P_N）分别进行评价。

单因子评价公式如下：

$$P_i = \begin{cases} C_i / C_1, & 0 < C_i \le C_1 \\ 1 + (C_i - C_1) / (C_2 - C_1), & C_1 < C_i \le C_2 \\ 2 + (C_i - C_2) / (C_3 - C_2), & C_2 < C_i \le C_3 \end{cases} \qquad (4\text{-}6)$$

式中：P_i——第 i 种污染物的单因子指数；

C_i——第 i 种污染物的实测值；

C_1、C_2、C_3——国家沉积物环境质量标准中的一级、二级和三级标准值。

沉积物综合环境质量综合采用内梅罗综合污染指数进行评价，公式如下：

$$P_N = \sqrt{\frac{(P_{iave})^2 + (P_{imax})^2}{2}} \qquad (4\text{-}7)$$

式中：P_N——内梅罗综合污染指数；

P_{iave}——单因子污染指数平均值；

P_{imax}——单因子污染指数最大值。

采用内梅罗污染指数对沉积物环境质量进行综合评价，不仅考虑了各污染物对沉积物的作用，同时突出了高浓度污染物对沉积物环境质量的影响。沉积物环境质量评价分级标准见表 4-6。

表 4-6　沉积物环境质量评价分级标准

等级划分	内梅罗污染指数	污染等级
I	$P_N \le 0.7$	清洁（安全）
II	$0.7 < P_N \le 1.0$	尚清洁（警戒线）
III	$1.0 < P_N \le 2.0$	轻度污染
IV	$2.0 < P_N \le 3.0$	中度污染
V	$P_N > 3.0$	重污染

上海滩涂沉积物重金属污染单因子指数和内梅罗指数如图 4-11 所示。研究区域沉积物环境质量良好，所有点位的沉积物重金属单因子污染指数平均值均小于 1。但是，沉积物重金属 Cd 单因子污染指数均大于 1，超过自然背景值，表明研究区域存在重金

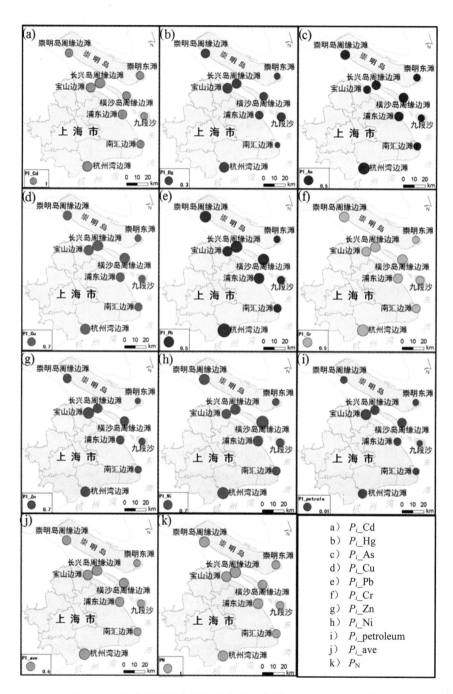

图 4-11   研究区域重金属污染单因子指数和内梅罗综合指数

属 Cd 污染的风险,应将 Cd 列为该地区最优先控制的重金属;杭州湾边滩、横沙岛边滩、长兴岛边滩的沉积物重金属 Cu 单因子污染指数大于 1,表明这些区域沉积物存在着重金属 Cu 污染;宝山边滩的沉积物重金属 Zn 单因子污染指数为 1.099,存在着轻微污染。并且,所有点位的内梅罗污染指数均大于 0.7,说明研究区域沉积物环境质量并不处于完全清洁安全的水平。其中,南汇边滩、崇明东滩、九段沙湿地的沉积物内梅罗指数小于 1,表明这 3 块区域沉积物尚清洁,但达到警戒线水平;杭州湾边滩、浦东边滩、宝山边滩、崇明岛周缘边滩、横沙岛边滩、长兴岛边滩的沉积物内梅罗指数大于 1,说明研究区域沉积物受到轻度污染。此外,从图 4-11 可看出,长兴岛周缘边滩的内梅罗污染指数最高,达到 1.470 2,九段沙湿地的内梅罗污染指数最低,为 0.769 1。内梅罗污染指数(P_N)从大到小的顺序为:长兴岛周缘边滩>杭州湾北沿边滩>崇明岛周缘边滩>宝山边滩>浦东边滩>横沙岛周缘边滩>南汇边滩>崇明东滩>九段沙湿地。

4.2.2.3　沉积物质量综合评价

考虑到目前国内外缺乏沉积物质量综合评价方法和相关标准,所以,本书采用张汪寿等 2010 年设计的公式进行评价,公式在设计时以沉积物养分对沉积物综合质量的正面贡献、沉积物重金属对沉积物综合质量的负面影响为基本依据,结合最小养分定律,提出 SQI 指数法评价沉积物综合质量,并划分 5 级评价等级,如表 4-7 所示。

$$SQI = \begin{cases} 0 & P_{i\text{ave}} > 1 \\ \sqrt{\left(SFI_{\min}^2 + SFI_{\text{ave}}^2\right) / \left(P_{i\max}^2 + P_{i\text{ave}}^2\right)} & 0.4 < P_{i\text{ave}} \leqslant 1 \\ 1.5\sqrt{SFI_{\min}^2 + SFI_{\text{ave}}^2} & P_{i\text{ave}} \leqslant 0.4 \end{cases} \quad (4\text{-}8)$$

式中:SQI——沉积物综合质量指数;

P_i——沉积物重金属污染单因子指数;

SFI——沉积物养分单因子指数,计算方法为:SFI=沉积物养分的实测值/养分指标。

表 4-7　沉积物质量指数（SQI）评价分级标准

等级	SQI 指数	沉积物综合质量等级
I	SQI≥0.8	极高
II	0.6≤SQI≤0.8	高
III	0.5≤SQI≤0.6	中
IV	0.4≤SQI≤0.5	低
V	SQI≤0.4	极低

将研究区域沉积物的养分和环境质量结合进行研究，采用 SQI 公式（4-8）进行沉积物质量综合评价，得出各区域 SQI 均值分别为：杭州北沿边滩，0.286 4；南汇边滩，0.457；浦东边滩，0.388 1；宝山边滩，0.367 4；崇明东滩，0.511 9；崇明岛周缘边滩，0.444 7；长兴岛周缘边滩，0.332 4；横沙岛周缘边滩，0.420 8；九段沙湿地，0.521 6。沉积物综合质量的高低顺序为：九段沙湿地＞崇明东滩＞南汇边＞崇明岛周缘边滩＞横沙岛周缘边滩＞浦东边滩＞宝山边滩＞长兴岛周缘边滩＞杭州湾北沿边滩。

4.2.3　底栖动物

4.2.3.1　群落特征

本次调查在上海市滩涂湿地中共采集底栖动物 41 种，如表 4-8 所示，隶属于 4 门（软体动物门、环节动物门、节肢动物门和纽形动物门）8 纲（双壳纲、瓣鳃纲、腹足纲、寡毛纲、多毛纲、甲壳纲、昆虫纲及无刺纲），其中软体动物门 21 种，占总种数的 51.22%，其次是环节动物门 12 种，占总种数的 29.27%，节肢动物门 7 种，占总种数的 17.07%，纽形动物门 1 种，仅占总种数的 2.44%。从底栖动物组成来看，软体动物门中以腹足纲占优势，包括光滑狭口螺、绯拟沼螺等；环节动物门中以多毛纲居多，包括日本刺沙蚕、疣吻沙蚕、日本角吻沙蚕等。从底栖动物分布情况来看，崇明东滩底栖动物种类最多，结构最为复杂，崇明南岸边滩底栖动物结构最简单，包括的种类数最少。大陆边滩中以浦东边滩和宝山边滩底栖动物结构较为复杂，但整体差异并不明显。底栖动物密度是指单位面积内底栖动物的个体数量。调查期间，上海市滩涂湿地底栖动物密度以崇明东滩和九段沙湿地最多，分别为 672 ind/m² 和 512 ind/m²，最小值出现在崇明南岸边滩，为 26 ind/m²，这与崇明南岸边滩的底栖动物结构最简单相一致。

表 4-8　上海滩涂湿地底栖动物名录及栖息密度组成

点位	软体动物门			环节动物门		节肢动物门		纽形动物门	合计/种	密度/(ind/m²)
	双壳纲/种	瓣鳃纲/种	腹足纲/种	寡毛纲/种	多毛纲/种	甲壳纲/种	昆虫纲/种	无刺纲/种		
杭州湾北沿边滩	4	1	3	2	3	1	0	1	15	187
南汇边滩	4	1	4	2	2	1	0	0	14	125
浦东边滩	3	2	5	3	4	1	1	0	19	424
宝山边滩	3	1	3	2	5	1	2	0	17	166
长兴岛周缘边滩	1	0	3	2	2	1	1	1	11	62
横沙岛周缘边滩	2	2	2	1	4	0	0	1	12	123
崇明东滩	3	2	11	1	5	1	0	1	24	672
崇明北滩	1	0	3	2	2	0	0	0	8	416
崇明西部边滩	1	1	2	2	3	2	2	0	13	79
崇明南岸边滩	0	1	1	0	1	1	0	0	4	26
九段沙湿地	3	3	3	2	2	1	2	1	17	512

4.2.3.2　多样性指数

　　根据初步调查结果，采用香农-威纳多样性指数（Shannon-Wiener 指数）[式（4-9）] 对上海市滩涂湿地底栖动物生物多样性进行统计分析，结果表明，不同样地类型下 Shannon-Wiener 指数总体变化范围为 0.58～1.41。其中，浦东边滩底栖动物多样性指数最高，崇明南岸边滩底栖动物多样性指数最低。整体看来，大陆边滩底栖动物多样性指数普遍高于岛屿周缘边滩和江心沙洲湿地。岛屿周缘边滩底栖动物多样性指数以横沙岛最高，其他差异并不明显。各点位底栖动物多样性指数如表 4-9 和图 4-12 所示。

$$H = \sum_{i=1}^{s}\left(\frac{n_i}{n}\right)\log_2\left(\frac{n_i}{n}\right) \tag{4-9}$$

式中：s ——某点位中的生物种类数；

　　　n_i ——某点位中第 i 种生物的个体数；

　　　n ——某点位中生物总个体数。

表 4-9　上海市滩涂湿地底栖动物多样性指数

点位	杭州湾北沿边滩	南汇边滩	浦东边滩	宝山边滩	长兴岛周缘边滩	横沙岛周缘边滩	崇明东滩	崇明北滩	崇明西部边滩	崇明南岸边滩	九段沙湿地
多样性指数	1.03	1.35	1.41	1.15	0.75	1.11	0.89	0.73	0.74	0.58	0.87

（a）底栖动物多度

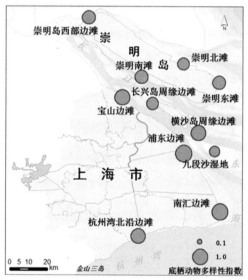
（b）底栖动物多样性指数

图 4-12　上海滩涂湿地底栖动物分布

4.2.4　浮游生物

4.2.4.1　浮游植物

（1）群落结构

本次调查在上海市滩涂湿地中共发现浮游植物 186 种，隶属于硅藻门、甲藻门、蓝藻门、绿藻门、裸藻门和隐藻门。其中，硅藻门种数最多，为 93 种，占总种类数的 50%。绿藻门次之，共 49 种，占总种类数的 26.3%。各点位浮游植物均以硅藻门居多。而大陆边滩的浮游植物结构较复杂，包含的种类数较多。九段沙滩涂水体浮游植物结构最简单。调查期间，浮游植物密度平均值为 $1.77×10^5$ ind/L，其中浮游植物密度最大值出现在杭州湾北沿边滩，为 $4.89×10^5$ ind/L，最小值出现在崇明南岸边滩，为 $0.83×10^5$ ind/L。总体来看，大陆边滩浮游植物密度普遍大于岛屿周缘边滩和江心沙洲湿地。各点位浮游植物名录和密度分布见表 4-10 和图 4-13。

表 4-10　上海滩涂湿地浮游植物调查名录及其分布

点位	硅藻门/种	甲藻门/种	蓝藻门/种	绿藻门/种	裸藻门/种	隐藻门/种	合计/种	密度/ $(10^5$ ind/L)
杭州湾北沿边滩	17	1	9	14	1	2	44	4.89
南汇边滩	15	0	2	4	0	2	22	1.85
浦东边滩	15	0	6	11	3	1	36	1.55
宝山边滩	21	1	5	9	3	2	40	2.55
长兴岛周缘边滩	20	1	4	6	0	1	32	1.49
横沙岛周缘边滩	16	0	2	1	3	2	24	1.24
崇明东滩	16	0	1	2	0	1	20	0.97
崇明北滩	19	1	3	2	0	1	26	1.71
崇明西滩	18	0	1	1	1	2	23	1.21
崇明南岸边滩	16	1	1	2	0	1	21	0.83
九段沙湿地	11	1	3	4	0	2	20	1.18

（2）多样性指数

根据初步调查结果，采用香农-威纳多样性指数（Shannon-Wiener 指数）[式（4-9）]对上海市滩涂湿地浮游植物生物多样性进行统计分析，结果表明，除九段沙湿地外，其他点位浮游植物生物多样性指数均大于 1。其中，浦东边滩浮游植物生物多样性指数最高，为 1.37。整体来看，除九段沙湿地外，其他各点浮游植物多样性指数差异并不明显。各点位浮游植物多样性指数如表 4-11 和图 4-13 所示。

表 4-11　上海滩涂湿地浮游植物多样性指数

点位	杭州湾北沿边滩	南汇边滩	浦东边滩	宝山边滩	长兴岛周缘边滩	横沙岛周缘边滩	崇明东滩	崇明北滩	崇明西滩	崇明南岸边滩	九段沙湿地
多样性指数	1.30	1.24	1.37	1.36	1.22	1.12	1.19	1.18	1.16	1.26	0.97

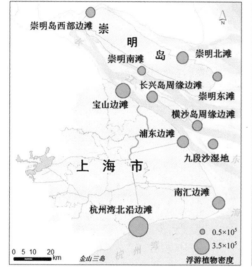

（a）浮游植物密度

（b）浮游植物多样性指数

图 4-13　上海滩涂湿地浮游植物分布

4.2.4.2　浮游动物

（1）群落结构

本次调查在上海市滩涂湿地中共发现浮游动物 23 种，隶属于原生动物、轮虫类、枝角类、桡足类及其他微型动物。其中，轮虫类和桡足类种类数量最多，各为 9 种，各占总种类数的 39.1%，枝角类次之，共 3 种，占总种类数的 13.04%。不同点位间浮游动物结构差异较大，大陆边滩中，轮虫类种类数量最多，岛屿周缘边滩则以桡足类具有明显优势，而九段沙湿地中轮虫类和桡足类所占比例差异不大。调查期间，浮游动物密度平均值为 8 ind/L，其中浮游动物密度最大值出现在杭州湾北沿边滩，为 11 ind/L，最小值出现在崇明南岸边滩，为 5 ind/L，这与浮游植物分布情况相似。总体来看，各点位浮游动物密度差异并不显著，大陆边滩浮游动物密度稍大于岛屿周缘边滩。各点位浮游动物名录和密度分布如表 4-12 和图 4-14 所示。

表 4-12　上海滩涂湿地浮游动物调查名录及其分布

样点	原生动物/种	轮虫类/种	枝角类/种	桡足类/种	其他/种	合计/种	密度/(ind/L)
杭州湾北沿边滩	0	0	0	1	0	1	11
南汇边滩	0	3	1	0	0	4	6
浦东边滩	0	2	0	0	0	2	6
宝山边滩	0	2	1	0	0	3	10
长兴岛周缘边滩	0	1	0	1	0	2	9
横沙岛周缘边滩	0	0	0	1	0	1	7
崇明东滩	1	1	0	1	0	3	6
崇明北滩	0	0	0	3	0	3	9
崇明西滩	0	1	0	2	0	3	8
崇明南岸边滩	0	0	0	2	0	2	5
九段沙湿地	0	1	0	1	0	2	7

（2）多样性指数

同浮游植物一样，根据初步调查结果，采用香农-威纳多样性指数（Shannon-Wiener 指数）[式（4-9）]对上海市滩涂湿地浮游动物生物多样性进行统计分析，结果表明，上海市各区域滩涂湿地浮游动物多样性指数较低，各点位浮游动物多样性指数均小于 1。其中，南汇边滩最高，为 0.99，而九段沙湿地浮游动物多样性指数最低，为 0.35。整体来看，大陆边滩同岛屿周缘边滩浮游动物多样性指数差异并不明显。各点位浮游动物多样性指数如表 4-13 和图 4-14 所示。

表 4-13　上海滩涂湿地浮游动物多样性指数

点位	杭州湾北沿边滩	南汇边滩	浦东边滩	宝山边滩	长兴岛周缘边滩	横沙岛周缘边滩	崇明东滩	崇明北滩	崇明西滩	崇明南滩	九段沙湿地
多样性指数	0.44	0.99	0.50	0.48	0.56	0.47	0.61	0.85	0.53	0.62	0.35

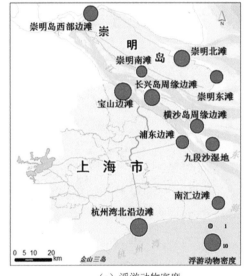 

（a）浮游动物密度　　　　　　　　　　（b）浮游动物多样性指数

图 4-14　上海滩涂湿地浮游动物分布

4.3　讨论

4.3.1　环境质量的空间异质性及影响因素

无论是从单因子污染指数评价结果，还是从水质综合标识指数评价结果来看，上海市滩涂湿地水质整体处于Ⅲ类水体，且大陆边滩水质普遍稍差于岛屿周缘边滩和河口沙洲湿地。从单因子污染指数评价结果来看，上海市滩涂水体主要污染物为总氮、总磷及石油类。总氮、总磷污染可能是由于人类活动干扰不断增强，人为向滩涂附近水域排放的含氮、磷物质越来越多，从而导致水体富营养化。而滩涂周围港口码头的建设，及其临近海域船舶货物运输的影响，使得滩涂水体石油类污染物质含量较高。此外，滩涂促围工程也会对水质净化功能造成一定影响，滩涂促围在施工过程中必将对滩涂植被产生明显影响，海三棱藨草、藨草等湿地植物被破坏，将会降低植被对水体中各项污染物的吸收和降解，使得污染物质积累速率过高而造成污染。大陆边滩水质略差于岛屿周缘边滩和九段沙湿地，初步分析，认为大陆边滩人为活动干扰较岛屿周缘边滩严重，而九段沙几乎不受到人类活动胁迫，因此，造成大陆边滩水质相对较差。

从沉积物调查评价结果来看，参照本书制定的沉积物质量指数评价分级标准，结果表明，上海滩涂沉积物质量处于中等偏低水平，沉积物质量指数平均值为 0.414 5，变化范围为 0.286 4～0.521 6，变异系数为 19.03%，表明上海滩涂沉积物质量受各因素影响而存在着差异。这些影响因素主要包括滩涂经济活动、滩涂圈围、生物入侵及滩涂污染等。人类依赖滩涂开展的经济活动不仅给滩涂造成污染，而且破坏了滩涂生物的栖息地，使得滩涂生境发生了很大变化。圈围是目前对上海地区滩涂湿地资源影响最大的因素之一，圈围将直接导致滩涂面积大幅度减少，自然植被破坏，围垦后营造的人工湿地不能完全替代自然湿地的水鸟栖息地功能，同时打破了原有湿地的自然演替规律，改变了生物多样性的维持机制。互花米草入侵及大面积扩张也是上海滩涂湿地目前最为严重、最为紧迫的胁迫因子，它严重威胁着土著植物，减少了原有的生物优质栖息地，同时互花米草加强了上海滩涂湿地基于碎屑系统的物质流，可能改变滩涂湿地向海洋和大气中的物质输出，进而影响滩涂沉积物质量。普遍看来，岛屿周缘边滩沉积物质量指数较大陆边滩沉积物质量指数高（长兴岛周缘边滩除外），这与大陆边滩周围的工业发达及渔业捕捞、船舶货运活动频繁等有一定关系，含重金属如 Hg 的工业废水排放，以及含 Cd、Pb 等汽车尾气的沉降，都会对沉积物造成一定污染，同时存在港口码头的杭州湾北沿边滩、宝山边滩和浦东边滩，大量船舶来往造成石油类污染较为严重。而中船江南重工股份有限公司位于长兴岛，该重工业给长兴岛滩涂湿地的环境容量带来了巨大的压力，造成了一定的污染。通过现场采样，我们发现在长兴岛东部边滩、横沙岛边滩及崇明南部边滩，部分养牛户将牛在滩涂上放养，由于牛群数量大，牛的觅食与践踏对滩涂沉积物带来一定影响，研究表明放牧活动影响了滩涂沉积物的水分及可溶性盐类的迁移、转化，使得滩涂沉积物中的部分可溶性盐类积累在滩涂沉积物表层，使其 pH 升高，滩涂沉积物的盐碱化程度变大，同时，放牧还使得滩涂沉积物有机质、NH_4^+-N、总磷含量降低，这与本研究结论相一致，因而，长兴岛作为岛屿周缘边滩，其沉积物质量却不容乐观。

4.3.2　生物群落分布的空间异质性及成因

根据调查可知，上海滩涂湿地底栖动物密度及多样性指数存在着一定的差异性，底栖动物密度大的点位其 Shannon-Wiener 多样性指数并不一定高，这是由于密度只代表了该样点单位面积内底栖动物数量的多少，而多样性指数则是底栖动物数量和种类的综合体现，较密度复杂。影响底栖动物密度和多样性指数的因子很多且影响机理较复杂，需要经过深入研究探讨方能给出不同点位底栖动物密度和生物多样性不同的明确解释，本研究受条件限制，仅提出几点可能性：①不同潮位处的底栖动物密度及多样性指数不同，如横沙岛位于长兴岛的下游，受到的冲击相对较小，同时，横沙岛离海洋更近，处于河口生态系统和海洋生态系统的交汇区，所以底栖动物密度和多样性指数相对较高。②不同季节底栖动物多度及其多样性指数不同，本次调查主要在秋季进行，一定程度上只代表了秋季的底栖动物分布情况。③不同植被覆盖类型的底栖动物密度及多样性指数不同，如海三棱藨草群落底栖动物较芦苇群落丰富，而芦苇群落又较互花米草群落丰富，这是因为海三棱藨草为底栖动物提供球茎作为食物，而芦苇群落的生境异质性可为底栖动物提供更为广泛的生境，互花米草由于其在潮滩湿地生境中超强的繁殖力，威胁着其他本地物种，并且其根吸收的盐分大都由盐腺排出体外，减少了底栖动物原有的优质栖息地。④底栖动物密度及多样性指数也受人为活动干扰影响，如滩涂水体污染程度不同，则其底栖动物密度及多样性指数也不同。⑤底栖动物密度及多样性指数也受到水质成分的影响，如九段沙湿地属于新生沙洲，生物群落的演替正处于初级阶段，同时半咸水和咸水种较多，由于三峡蓄水，上游来水减少，海水入侵加剧，面临盐水入侵环境，底栖动物在一定程度上受到较大影响。上海滩涂湿地作为世界上特大型河口的岛屿湿地，它不断地进行着快速演替，底栖动物物种组成、生物多样性都在发生着快速变化，对这些变化及驱动因素还有待于进一步的深入研究。

上海滩涂湿地水体浮游动植物分布规律具有一定的一致性，浮游动植物密度均以杭州湾北沿边滩最大，崇明南岸边滩最低，浮游动植物密度均呈现出大陆边滩大于岛屿周缘边滩和九段沙湿地，但浮游动植物多样性指数并不符合这一规律，浮游植物多样性指数最高的为浦东边滩，而浮游动物多样性指数最高的则为南汇边滩。初步分析，浮游动植物种类组成和数量的变化与水体水质、水体泥沙含量等环境因素相关。大陆边滩水体污染相对较严重，在富含氮、磷及有机质的水体中，某些种类的浮游植物过度繁殖，其密度较大，而浮游动物主要以浮游植物为食，所以受浮游植物影响，其数量也会增大。并且，大陆边滩水体环境相对多变，为不同类型的浮游动植物提供了更为适宜的生境，所以，浮游动植物种类相对较多，多样性指数相对较高，而九段沙地处长江入海口，水体扰动较大，泥沙含量偏高，从而使得其浮游动植物多样性指数不高。

4.4　小结

通过对上海滩涂湿地生态环境进行现场调查及采样分析，对其生态环境现状有了一定了解认识，现归纳总结如下。

（1）水环境调查：从单因子污染指数评价结果来看，上海滩涂湿地水体 BOD_5、总氮、总磷单因子污染指数普遍大于 1，说明水体受某些有机物、总氮、总磷污染污染相对较严重，COD_{Mn}、COD_{Cr}、DO、氨氮及石油类单因子指数普遍小于 1，说明其污染程度较轻；从综合水质标识指数评价结果来看，除浦东边滩水体属于Ⅳ类水质外，其他点位滩涂水体均为Ⅲ类水质，且总体而言，大陆边滩水质较岛屿周缘边滩和江心沙洲湿地差，这在很大程度上与大陆边滩人为活动干扰强烈有关。

（2）沉积物环境调查：在分别对滩涂沉积物养分质量和环境质量进行评价的基础上，采用沉积物质量指数法综合地评价了滩涂湿地的沉积物质量。结果表明研究区域沉积物养分质量除杭州湾北沿、南汇、九段沙较低外，其他区域差异不显著；而大陆边滩重金属污染程度较岛屿周缘边滩严重；沉积物综合质量指数排序为九段沙湿地＞崇明东滩＞南汇边滩＞崇明岛周缘边滩＞横沙岛周缘边滩＞浦东边滩＞宝山边滩＞长兴岛周缘边滩＞杭州湾北沿边滩。其中，九段沙湿地和崇明东滩沉积物质量最佳，属于Ⅲ级；其次是南汇、崇明岛周缘、横沙岛周缘边滩，属于Ⅳ级；而长兴岛、浦东、宝山、杭州湾北沿边滩则属于Ⅴ级。

（3）底栖动物调查：通过调查，对上海市滩涂湿地底栖动物结构、密度及生物多样性指数进分析，结果表明，崇明东滩底栖动物结构最为复杂，崇明南岸边滩底栖动物结构最简单，大陆边滩中以浦东边滩和宝山边滩底栖动物结构较为复杂，但整体差异并不明显。底栖动物密度以崇明东滩和九段沙湿地最多,最小值出现在崇明南岸边滩。底栖动物多样性指数以浦东边滩最高,崇明南岸边滩最低,总体来看,大陆边滩底栖动物多样性指数普遍高于岛屿周缘边滩和江心沙洲湿地。

(4)浮游动植物调查:本次调查在上海市滩涂湿地中共发现浮游植物 186 种,以硅藻门和绿藻门为主,大陆边滩的浮游植物结构较复杂,包含的种类数较多。九段沙滩涂水体浮游植物结构最简单。浮游植物密度最大值出现在杭州湾北沿边滩,最小值出现在崇明南岸边滩。大陆边滩浮游植物密度普遍大于岛屿周缘边滩和江心沙洲湿地,本次调查共发现浮游动物 23 种,其中,轮虫类和桡足类种类数量最多,枝角类次之,不同点位间浮游动物结构差异较大,大陆边滩中,轮虫类种类数量最多,岛屿周缘边滩则以桡足类具有明显优势,而九段沙湿地中轮虫类和桡足类所占比例差异不大。杭州湾北沿边滩浮游动物密度最大,崇明南岸边滩最小,这与浮游植物分布情况相似。总体来看,各点位浮游动物密度差异并不显著,大陆边滩浮游动物密度稍大于岛屿周缘边滩。

第 5 章
上海滩涂湿地植物群落时空分布及影响因子

5.1 研究方法

5.1.1 野外调查

上海地区滩涂湿地包括沿江沿海滩涂湿地、河口江心沙洲和岛屿湿地 3 种类型。要掌握上海滩涂植物群落的分布状况，对各滩涂植被资源进行野外调查是必不可少的。野外调查时间为 2011 年 9 月中旬—10 月下旬，历时近 40 天。

5.1.1.1 样方设计

根据上海滩涂湿地的类型，将样点分成 3 类：大陆边滩、岛屿周缘边滩、江心沙洲。其中大陆边滩包括浦东、宝山边滩，南汇边滩和杭州湾北部边滩；岛屿周缘边滩包括崇明岛东滩、北滩、西滩、南滩，长兴岛边滩和横沙岛边滩；江心沙洲包括九段沙的上沙、中沙和下沙。取样共计 19 个区域，基本遍及上海所有滩涂湿地。具体样点分布如表 5-1 及图 5-1 所示。

表 5-1　野外调查样区分布

类型	名称	样带位置
大陆边滩	宝山边滩	石洞口码头（3）、吴淞口（4）
	浦东边滩	三甲港（4）、浦东机场东（5）

类型	名称	样带位置
大陆边滩	南汇边滩	滴水湖（4）、芦潮港（1）
	杭州湾北沿边滩	金汇港（5）、龙泉港（1）
岛屿周缘边滩	崇明东滩	团结沙（3）、捕鱼港（8）
	崇明北滩	崇启大桥东（4）
	崇明西滩	西沙湿地（4）、西滩（4）
	崇明南滩	新河港（3）
	长兴岛周缘边滩	长兴西（3）、长兴东（3）
	横沙岛周缘边滩	横沙南（4）
江心沙洲	九段沙	上沙（5）、中沙（5）

注：括号内为样区数量。

图 5-1　野外调查样点空间分布

5.1.1.2　野外调查内容

野外调查内容包括对植被的调查和对土壤环境因子的调查。

（1）植物群落调查

使用手执式 GPS 仪测量群落宽度，记录植物群落类型。分别估测植被的盖度，并对该样方中植物的地上部分进行收割，同时用米尺对植物的植株数量、最高植株高度进行测量。

所有植物样品取回实验室，用清水洗去附着的泥沙后在 80℃ 下烘至恒重并称重。

（2）土壤环境因子调查

本次调查的土壤环境因子包括：土壤的盐度、pH、ORP、容重、含水量及 TN、TP。

2011 年 10 月中下旬，在每个样方内使用内径 5 cm、高 5 cm 的土壤环刀在 0～5 cm 的表层土壤中取样一次，环刀底部用平滑金属片托住以保证土壤孔隙水不会漏出，然后迅速用封口的自封袋装好。将土壤样品带回实验室后，对其 pH、ORP、含水量、盐度、TN、TP 含量进行测量。

土样的 pH 与 ORP 使用的是 IQ 150 便携式 pH/mv/温度测定仪进行直接测量，测量 pH 时使用 HI1053 针式玻璃复合电极，测量 ORP 时使用 HI3230 复合铂 ORP 电极。

含水率的测量，取 80～100 g 潮湿土壤，去除其中的植物组织，测量其湿重，然后在 50℃ 下烘至恒重（一周），再称重，通过公式换算获得其含水量。

盐度的测量是将烘干后的土壤样品仔细研磨成细粉，取 5 g，然后用 25 mL 双蒸水稀释，使用 YSI30 盐度/电导率仪测得其盐度，根据含水量，经过换算，则可以获得该样点土壤孔隙水的盐度。

总氮的测量，是将研磨后的土壤样品在 100 目的筛网中过筛，取过筛土样少量，使用碳氮分析仪 Thermo Flash EA1112 获得其总氮含量。

总磷采用 HNO_3-$HClO_4$-HF 消解，ICP- AES 测定。

5.1.2　遥感分析方法

考虑到上海滩涂植被组成比较简单，呈明显带状分布，本章研究采用 ERDAS IMAGINE 8.7™ 软件对滩涂植被进行监督分类。由于潮间带会周期性的被潮水浸没，因此在选择遥感数据时必须要考虑潮位较低时刻获得的影像。同时，滩涂植物在夏秋季节生长旺盛，光谱信息明显，而冬末初春季节时，植物尚未大量返青，如海三棱藨草地上部分枯死腐烂而形成光滩，给遥感影像的正确判读带来困难。因此，基于潮位、季节及云量等因素的考虑，选择从 1988 年至今的 3 幅 Landsat TM/ETM＋影像，采用 ERDAS IMAGINE 8.7^{TM} 软件进行分析，具体分析流程如表 5-2 和图 5-2 所示。

表 5-2 上海地区滩涂植物群落遥感分析的数据源

成像日期	成像时间	成像格式
1988-11-13	9：45：09	LANDSAT-5 TM
2000-09-18	10：05：06	LANDSAT-7 ETM+
2011-10-21	10：15：19	LANDSAT-5 TM

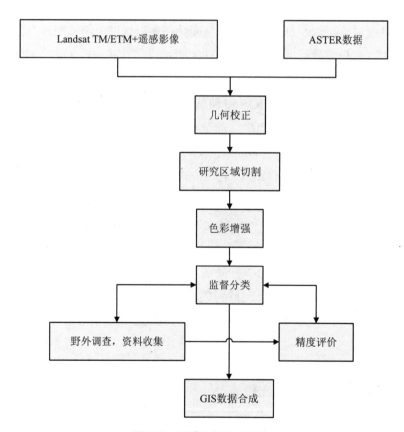

图 5-2 遥感分析技术路线

商用 ASTER 数据具有较高的地面分辨率（15 m）和地理精度，因此参考 2004 年 12 月 7 日成像的 ASTER 数据对表 5-2 中 3 幅遥感影像进行几何校正，校正模型采用二阶多项式变换法，校正精度在一个像素以内。同时结合上海地形图和海图，运用目标区域 AOI 工具分幅裁减选出大堤外的滩涂部分，以提高解译的精确性和目的性。

然后，分别对图像执行最佳波段假彩色合成，缨穗变换和归一化植被指数的增强处理。在假彩色合成的基础上，参照缨穗变换和植被指数的光谱信息，同时参考我们的野外调查结果及以往的资料数据，利用 ERDAS 软件中的窗口关联功能，选取训练样区定义分类模板，采用最大似然法对影像进行监督分类，从而解译出互花米草群落、芦苇群落和莎草科植物群落等不同的植被信息。

用基于误差矩阵的方法进行分层随机采样，对所有的分类影像和经过修正后的分类结果都进行了评价，并且通过全面野外考察进行检验。分析评价与野外考察的精度评价均为 85%以上。

2011 年 9—10 月，我们对上海地区滩涂进行了实地验证。应用 GPS 精确定位样点，现场对照分析初步分类结果的准确性，并调查记录植物群落空间结构、分布格局和植被生长状况等相关信息。结合先验知识和实地调查对解译分类结果进行修正，得到最终解译分类结果。

在此基础上，应用 ESRI ArcGIS 9.2™ 软件分析滩涂植被数据，统计植被面积，获得滩涂植被变化动态。

5.1.3　典型滩涂样地观测

5.1.3.1　研究区域与样线设计

（1）崇明东滩

崇明东滩位于崇明岛屿最东端，东经 121°50′～122°05′、北纬 31°25′～31°38′，南北邻长江入海口，向东延伸至东海，是长江口规模最大、发育最完善的河口型潮汐滩涂湿地。东滩是径流泥沙在崇明岛的主要沉降区域之一，在长江挟带的大量泥沙沉降作用的影响下，该地以每年 100～150 m 的速度向外延伸，目前仍是整个岛屿最具成长性的部分，属于淤涨型滩涂。

崇明东滩是国际重要湿地，位于亚太候鸟迁徙路线东线的中段，是国际迁徙鸟类重要的栖息地，也是中国濒海湿地生物多样性的关键地区。1992 年被列入《中国保护湿地名录》，1998 年被上海市批准成立保护区，2001 年正式列入《拉姆萨公约》，2005 年被国家林业局批准为国家级鸟类自然保护区，主要保护对象是迁徙鸟类及其栖息地。

在互花米草入侵之前，崇明岛东滩的自然植被主要是芦苇群落和海三棱藨草群落。自 20 世纪 90 年代以来，由于人为引种和自然传播，外来物种互花米草开始在崇明东滩定居并通过竞争取代作用逐渐代替芦苇群落和海三棱藨草群落，现在已在崇明东滩广泛分布，成为分布面积最大的植物群落。

经过实地勘察，于 2011 年 10 月中下旬，在崇明东滩捕鱼港以北设置了一条垂直于堤坝的样线，大致为东西走向。为了能较客观地反映环境因子的异质性，样带从光滩一直延伸至接近堤坝。该样带最西端的地理坐标为 31°84.113′N，121°22.76′E，最东端的地理坐标为 31°53.467′N，121°97.24′E。样线长约 1 300 m，样线自东向西分别位于光滩、互花米草群落和芦苇群落。

随着与堤坝距离的缩短，滩涂高程逐渐抬高，因此本研究用离堤坝距离代表了高程梯度。在样线上每隔 200～300 m 设置一个 20 m×20 m 的样区，共计 7 个样区。如样区为单群落，则在样区内随机设置 5 个 0.5 m×0.5 m 的样方作为重复，在样方内进行植物与土壤的取样；如样区内为互花米草与芦苇的混生群落，则针对两种植物分别随机建立 5 个 0.5 m×0.5 m 的样方作为重复，在样方内进行植物与土壤的取样。具体样线位置如图 5-3 和表 5-3 所示。

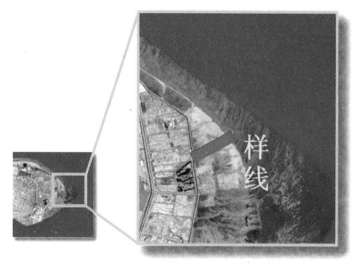

图 5-3　崇明东滩的地理位置及样线设置

表 5-3　样线样点概况

样线	位置	物种	纬度	经度	离大坝距离/m
崇明东滩捕鱼港北	近堤坝高潮滩	芦苇	31°84.113′N	121°22.76′E	100
	高潮滩	芦苇、互花米草	31°53.588′N	121°97.54′E	300
	中高潮滩	芦苇、互花米草	31°53.271′N	121°96.23′E	500
	中潮滩	芦苇、互花米草	31°53.151′N	121°95.95′E	700
	中低潮滩	互花米草	31°53.325′N	121°96.65′E	900
	低潮滩	互花米草	31°53.387′N	121°96.92′E	1 100
	光滩	无	31°53.467′N	121°97.24′E	1 300

（2）奉贤金汇港滩涂

奉贤区位于长江三角洲东南端，地处上海市南部，南临杭州湾，西北枕黄浦江，与闵行区隔江相望，东、东北与浦东新区接壤，西、西北分别与金山区、松江区相邻，南与杭州湾中的浙江省嵊泗县滩浒乡相望。境内有 31.6 km 杭州湾海岸线，13 km 黄浦江江岸线。

经实地勘察，于 2011 年 9 月中下旬，在奉贤金汇港设置一条垂直于堤坝的样线，样线大致为南北走向。为了能较客观地反映环境因子的异质性，样线从光滩一直延伸至郁闭的互花米草群落。

奉贤边滩的样线位置为金汇港，最北端的地理坐标为 31°29.628′N，121°84.74′E，最南端的地理坐标为 30°80.953′N，121°50.95′E。样线长约 900 m，样线自南向北分别位于光滩、新生互花米草群落和成熟互花米草群落。

在样线上每隔 200～300 m 设置一个 20 m×20 m 的样区，共计 5 个样区。在样区内随机设置 5 个 0.5 m×0.5 m 的样方作为重复，在样方内进行植物与土壤的取样。具体样线位置详如图 5-4 和表 5-4 所示。

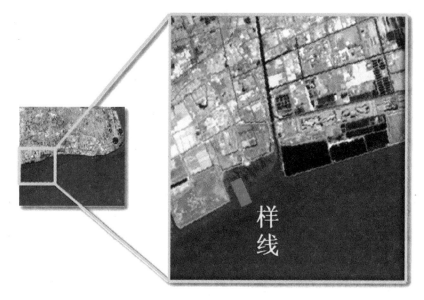

图 5-4　奉贤金汇港地理位置及样线位置

表 5-4　样线样点概况

样线	位置	物种	纬度	经度	离大坝距离/m
奉贤边滩金汇港	高潮滩	互花米草	31°29.628′N	121°84.74′E	100
	中高潮滩	互花米草	30°90.688′N	121°51.15′E	300
	中潮滩	互花米草	30°81.208′N	121°50.79′E	500
	低潮滩	互花米草	30°81.091′N	121°50.89′E	700
	光滩	无	30°80.953′N	121°50.95′E	900

5.1.3.2　环境因子的取样与测定

本次采样的土壤环境因子包括：土壤的盐度、pH、ORP、容重、含水量及 TN、TP。

2011 年 10 月中下旬，对环境因子进行采样。选择低潮位时段，对各样区内的土壤进行了取样。每个随机样方中使用内径 5 cm、高 5 cm 的土壤环刀在 0~5 cm 的表层土壤中取样一次，环刀底部用平滑金属片托住以保证土壤孔隙水不会漏出，然后迅速用封口的自封袋装好。将土壤样品带回实验室后，对其 pH、ORP、含水量、盐度、TN、TP

含量进行了测量。

pH 与 ORP：使用 IQ 150 便携式 pH/mv/温度测定仪进行直接测量，测量 pH 时使用 HI 1053 针式玻璃复合电极，测量 ORP 时使用 HI 3230 复合铂 ORP 电极，测量时间为 10 min。

含水率：取 80～100 g 潮湿土壤，去除其中的植物组织，测量其湿重，然后在 60℃ 下烘至恒重（一周），然后再称重，通过公式换算获得其含水量。

盐度：将烘干后的土壤样品仔细研磨成细粉，取 5 g，然后按照 5∶1 的比例用 25 mL 双蒸水稀释，使用 YSI 30 盐度/电导率仪测得其盐度，根据含水量，经过换算，则可以 获得该样点土壤孔隙水的盐度。

TN：将研磨后的土壤样品在 100 目的筛网中过筛，取过筛土样少量，使用碳氮分 析仪 Thermo Flash EA1112 获得其总氮含量。

TP：采用 HNO_3-$HClO_4$-HF 消解，使用 ICP-AES 测定。

5.1.3.3　植物的取样与测定

本次采样的植物数据包括：群落类型、盖度、密度、株高与生物量。

记录群落类型并估测群落盖度，对植物的植株数量进行计算，同时用皮尺测量最高 植株的高度。将该样方中植物的地上部分进行收割，编号后装入透气的网袋，带回实验 室进行分析。

所有植物样品取回实验室，用清水洗去附着的泥沙后在 80℃ 下烘至恒重并称重，获 得单位面积上的植物生物量。

5.1.3.4　数据分析

越靠近海岸线的滩涂，受潮汐作用的影响越频繁，因此，可推测滩涂的环境因子与 堤坝的距离之间可能具有一定的相关性。为了分析滩涂各环境因子在潮汐影响下的变异 规律，首先对各样区与堤坝之间的距离进行计算，然后将各样区的环境参数与距堤坝距 离之间的关系采用 Pearson 法进行相关分析。

为了揭示崇明东滩各环境因子对植物表现的影响，对各样区距堤坝的距离、环境参 数与芦苇和互花米草的群落学参数之间的关系采用 Pearson 法进行相关分析。两种植物 的群落学参数包括盖度、密度、生物量和株高。

5.2   滩涂植物群落分布现状及成因分析

5.2.1   滩涂植物群落分布现状

上海滩涂植被资源较为丰富，主要分布在吴淞高程 2 m 线以上的潮间带。潮滩植物多为多年生草本植物，自然植被以芦苇等禾本科植物和海三棱藨草等莎草科植物为主，人工引种的互花米草也有相当大的比例，植被均为耐盐性植物。因此，上海滩涂湿地的主要植物群落由芦苇群落、互花米草群落与莎草科植物群落组成，其中莎草科植物群落包括藨草、海三棱藨草、糙叶苔草（*Carex scabrifolia* Steud.）、水莎草（*Juncellus serotinus*）等植被。上海滩涂主要植被组成除上述三大主要植被群落外，还有灯心草（*Juncus setchuensis*）、碱蓬（*Suaeda glausa*）、白茅（*Imperate cyllindrlica*）等零星分布。

从 2011 年的遥感影像解译（图 5-5）并结合现场调查的结果可以看出，上海滩涂植被沿高程梯度呈明显的带状分布，从高到低依次为芦苇群落、互花米草群落、莎草科植物群落。上海市滩涂植物群落仍然主要由芦苇群落、互花米草群落与莎草科植物群落组成。

芦苇群落主要分布在受长江上游来水影响较大的滩涂，如崇明岛、长兴岛、横沙岛和九段沙等面积较大的滩涂上。互花米草群落主要分布在受海洋潮汐影响较大、盐度较高的滩涂，如崇明东滩、崇明北滩、九段沙的中沙、南汇边滩、杭州湾北沿边滩等。莎草科植物群落主要以藨草－海三棱藨草混生群落为主，分布在崇明东滩、九段沙和横沙岛。藨草单群落主要分布在盐度较低、接近淡水的滩涂，如石洞口、吴淞口、三甲港，海三棱藨草单群落则零星分布于盐度略高的中等盐度滩涂，如南汇边滩、奉贤金汇港。

如图 5-4 所示，互花米草群落的分布面积已经超过芦苇和莎草科植物群落，并代替芦苇和莎草科植物群落成为上海市滩涂面积分布最大的优势植物群落。

图 5-5　2011 年上海滩涂植物群落分布

5.2.2 各滩涂区域植物群落分布现状

根据上海滩涂植物群落主要分布的 3 大区域，即江心沙洲、岛屿周缘边滩和大陆边滩，现将对各滩涂植物群落的分布现状进行详细描述。

5.2.2.1 江心沙洲

九段沙为长江口新生沙洲，2003 年被确定为上海九段沙湿地自然保护区，2005 年晋级为国家级自然保护区，是迄今为止上海面积最大、自然状态保持最完整的河口潮滩湿地。九段沙包括上沙、中下沙（中沙和下沙已连在一起）和江亚南沙。

上沙未人工引进互花米草，因此未受互花米草扩散的影响，植物群落沿高程有规律的带状分布，高滩为芦苇群落，潮沟边为莎草科植物带，宽约 50 m，以藨草和海三棱藨草为优势种，偶见糙叶苔草和互花米草。中下沙植物群落主要为互花米草植物群落。其中互花米草群落为 2009 年密闭，很倒伏，光滩处有海三棱藨草和互花米草群落，海三棱藨草带很窄，仅有 10 m 宽。由于中下沙被人为引入互花米草，互花米草迅速扩散，大部分有利的生境几乎都被其占据，导致海三棱藨草面积大大缩减。

上沙芦苇群落的平均盖度为 41.1%，平均生物量为 1 317.3 g/m^2，密度为 94.7 株/m^2，株高为 173.9 cm。藨草群落的平均盖度为 25%，平均生物量为 103 g/m^2，密度为 117 株/m^2，株高为 28.2 cm。中下沙海三藨草群落的平均盖度为 20%，平均生物量仅为 97 g/m^2，密度为 70 株/m^2，株高为 30.5 cm。互花米草群落的平均盖度为 85.5%，平均生物量为 1 612.0 g/m^2，密度为 143.5 株/m^2，株高为 190.1 cm。

5.2.2.2 岛屿周缘边滩

（1）崇明东滩

崇明东滩南起奚家港，北至北八滧港。崇明东滩作为国际重要湿地和国家级自然保护区，拥有丰富的滩涂植被资源和动物资源，生物多样性高。

从奚家港水闸到团结沙水闸一带的滩涂相对较窄，植被主要是芦苇群落，植被宽约 170 m，群落局部偶见碱菀（*Tripolium vulgare*）、飘拂草（*Fimbristylis dichotoma*）、旋覆草（*Inula japonica* Thunb.）、糙叶苔草（*Carex scabrifolia* Steud.）和束尾草（*Phacelurus latifolius*（Steud.）Ohwi）等。芦苇群落的盖度为 55%，生物量为 1 155 g/m^2，密度为

78 株/m²，株高为 213.6 cm。该区段大部分芦苇带的外侧已经没有海三棱藨草带的分布。

在崇明东滩团结沙至捕鱼港一带的南部，海三棱藨草与藨草和糙叶苔草形成混生群落，植被面积约为 1 153.71 hm²。

捕鱼港以北的滩涂植被主要为芦苇群落、芦苇-互花米草混生群落和互花米草群落，呈典型带状分布。芦苇群落的盖度为 52.7%，生物量为 791.3 g/m²，密度为 73.3 株/m²，株高为 164.8 cm；互花米草苇群落的盖度为 59.0%，生物量为 704.4 g/m²，密度为 187.3 株/m²，株高为 124.7 cm。大堤外形成片状的成熟芦苇带，不过该区域历来为水牛放牧区，受牛群放牧、啃食和踩踏影响，芦苇侵蚀较严重。局部低龄互花米草群落外侧则直接分布在光滩上，外侧已没有海三棱藨草的分布。

东旺沙水闸至北八滧一带的滩涂植被，靠近大堤处高程较高的地带主要为芦苇带，芦苇带外侧则主要为芦苇和互花米草群落相互混杂，最外带则主要以互花米草群落为主。芦苇群落的盖度为 55.3%，生物量为 753.6 g/m²，密度为 148.6 株/m²，株高为 127.5 cm；互花米草苇群落的盖度为 56.6%，生物量为 772.7 g/m²，密度为 171.4 株/m²，株高为 123.7 cm。由于互花米草占用了海三棱藨草的生长空间，海三棱藨草几乎退化消失，互花米草分布面积为崇明东滩最大，直接分布至光滩。

从以上描述可发现，崇明东滩植物群落分布呈现出以下特点。

①崇明东滩的植物群落呈明显的带状分布。如在崇明东滩北部及东部形成光滩→互花米草带→互花米草-芦苇混生带→芦苇带沿高程从低到高的分布格局。

②崇明东滩的植物群落分布具有南北差异。崇明东滩北部与南部的植物群落分布具有一定的差异。芦苇群落主要分布在东滩东南部和南部，而互花米草主要分布在崇明东滩东部及北部，其在东南部及南部仅有零星分布。

（2）崇明北滩

崇明北滩位于长江口北支以南沿岸，东起北八滧，西至兴隆沙西端，包括新生沙洲黄瓜一沙和黄瓜二沙及北湖周边的湿地。

崇明北滩的植物群落沿高程呈典型带状分布，植物群落分布模式为光滩→互花米草群落→互花米草-芦苇混生群落→芦苇群落。植被宽度约为 260 m，其中混生群落宽约 130 m。芦苇群落的盖度为 77.5%，生物量为 588 g/m²，密度为 24 株/m²，株高为 239.6 cm；互花米草苇群落的盖度为 62.8%，生物量为 741.7 g/m²，密度为 67.3 株/m²，株高为 139.5 cm。光滩与互花米草交界处，互花米草部分倒伏，互花米草植被分布几乎到达光滩，中潮滩上几乎没有海三棱藨草的分布。互花米草的面积已经超过了本地种芦苇，成为北滩滩涂上分布面积最大的优势植被。

（3）崇明西滩

崇明西滩北起永隆沙，南至南门港，是长江口南支北侧的潮间带湿地。

由于西滩未受人工引进互花米草的影响，崇明西滩的植物群落主要为芦苇群落。崇西湿地的芦苇群落下带有旋覆花，偶见肠醴（*Eclipta prostrata*）、马兰（*Kalimeris indica*）、束尾草（*Phacelurus latifolius*（Steud.）Ohwi）、水蓼（*Polygonum hydropiper*）等。崇明西滩西北部是非常高大密集的芦苇纯群，芦苇高达 3.5 m。明西滩西北部芦苇群落的盖度为 82.5%，生物量为 1 994.0 g/m²，密度为 45.5 株/m²，株高为 354.1 cm。崇西湿地即东风西沙芦苇群落的盖度为 48.1%，生物量为 602.5 g/m²，密度为 1.5 株/m²，株高为 170.3 cm。目前已很少见到海三棱藨草的分布。

（4）崇明南滩

崇明南部边滩西起南门港，东至陈家镇的奚家港，与崇明东滩自然保护区相连。

崇明南部边滩的植被较少，仅零星分布在一些局部湾口。南门港和新河镇之间植被带很窄，局部甚至没有植被分布；植被主要分布在新河港和堡镇港之间，芦苇群落为优势群落，下带有藨草、马兰、旋覆花和不知名禾本科植物等。芦苇群落的盖度为 52.5%，生物量为 1 690 g/m²，密度为 84 株/m²，株高为 242 cm。

（5）长兴岛边滩

长兴岛的植被主要分布于长兴岛西部和长兴岛东部。

由于没有人为引进互花米草，植物群落沿高程有规律的呈带状分布，在长兴岛西部的近岸，植物群落主要为芦苇群落，芦苇高达 3～4 m，芦苇群落下层分布有糙叶苔草、线性旋覆花和马兰等。近海处，有 30～50 m 宽的菰植物群落，并伴有芦苇、糙叶苔草、藨草和不知名禾本科植物等。长兴岛西部芦苇群落的盖度为 67.5%，生物量为 1 290 g/m²，密度为 57 株/m²，株高为 318.6 cm。菰植物群落的盖度为 73.5%，生物量为 985 g/m²，密度为 89 株/m²，株高为 157.0 cm。在长兴岛东部，植物群落以芦苇群落为主，芦苇群落宽 160～200 m，偶见有藨草群落。其芦苇群落的盖度为 62.5%，生物量为 1 670 g/m²，密度为 50 株/m²，株高为 282.8 cm。

（6）横沙岛边滩

横沙岛的滩涂植被分布较少，目前仅剩下横沙岛南侧分布有植被，主要分布在大堤外。

横沙岛边滩由于没有人为引进互花米草，植物群落沿高程有规律的呈带状分布，以芦苇群落和以薹草、糙叶苔草混生群落为主，其中糙叶苔草比例较大，近岸的芦苇群落宽约 50 m，且较稀疏。其他植被还有水莎草（*Juncellus serotinus*）、旋覆花（*Inula japonica* Thunb.）和狼尾草（*Pennisetum alopecuroides*）等。近岸可观察到有牛群明显啃食的痕迹，干扰较为严重。芦苇群落宽 160～200 m，偶见有薹草群落。横沙岛芦苇群落的盖度为 57.5%，生物量为 665 g/m²，密度为 94 株/m²，株高为 157.1 cm。薹草群落的盖度为 70%，生物量为 227 g/m²，密度为 467 株/m²，株高为 70.1 cm。

5.2.2.3　大陆边滩

（1）宝山、浦东边滩

浦东新区和宝山一带也是上海围垦强度最高的地区之一，吴淞高程 0 m 以上的部分基本全被圈围。

宝山边滩的植物群落主要有薹草群落、菰-芦苇群落。宝山石洞口以薹草为优势种，植被宽 80 m，有芦苇斑块，偶见水莎草。吴淞口为菰-芦苇群落，主要以菰为主，同时水蓼面积也不小，还有水莎草、香蒲和慈姑等植物分布其中。整个植被的分布模式为光滩→薹草→水莎草→水蓼-慈姑→菰-芦苇。薹草群落的盖度为 45%，生物量为 212 g/m²，密度为 1 064 株/m²，株高为 52.7 cm。水蓼群落的盖度为 73.8%，生物量为 985 g/m²，密度为 67 株/m²，株高为 53.9 cm。菰的盖度为 57.5%，生物量为 843 g/m²，密度为 123 株/m²，株高为 128.7 cm。

浦东边滩的植物群落主要有芦苇群落、菰群落和以薹草-海三棱薹草群落。三甲港的植被分布模式为光滩→薹草→菰→芦苇。其中岸边芦苇带宽 10 m，中间菰带宽 150～200 m，靠海的薹草带宽 50 m。浦东机场南主要以薹草-海三棱薹草群落为主，植被宽 450 m，有直径小于 1 m 的互花米草斑块岛状分布其中。薹草群落的盖度为 37.5%，生物量为 207 g/m²，密度为 330 株/m²，株高为 57 cm。海三棱薹草群落的盖度为 61.3%，生物量为 136 g/m²，密度为 365 株/m²，株高为 60.9 cm。菰的盖度为 85%，生物量为 1 410 g/m²，密度为 59 株/m²，株高为 197.8 cm。

（2）南汇边滩

南汇边滩北起浦东国际机场，南至芦潮港汇角。南汇边滩是上海围垦强度最大的地区之一，临港新城和滴水湖就建立在新圈围的人工半岛上。

南汇边滩围垦强度大，同时互花米草的入侵，海三棱藨草群落和芦苇群落已损失殆尽，从遥感影像中几乎难以分辨，野外实际调查也发现，大堤外互花米草群落为主，石坝外为互花米草纯群，高约 2 m，植被宽 200 m，近海处有很多直径为 1 m 左右的互花米草斑块，植株很矮，只有约 60 cm。石坝内偶见海三棱藨草。互花米草群落的盖度为 52.5%，生物量为 1 336 g/m^2，密度为 196 株/m^2，株高为 152.8 cm。本次调查取样的样点为滴水湖，该点为南汇边滩仅有植被的区域，另一个样点芦潮港仅有光滩。

（3）杭州湾北沿边滩

杭州湾北沿边滩主要包括金山和奉贤边滩。该岸段自然淤涨的速度缓慢，局部甚至出现侵蚀现象。该岸段也是围垦强度较大的地区。

杭州湾北沿边滩只有奉贤边滩有植被分布，金山边滩为光滩，偶见互花米草。奉贤边滩的植物群落主要为互花米草群落，偶见海三棱藨草，而且该区域的互花米草为新生互花米草群落，生长表现沿高程呈典型梯度分布。互花米草植被全宽 600～650 m，近海为低矮的互花米草群落，株高只有 40 cm 左右，近岸则为郁闭的互花米草群落，株高 2 m 左右，植被郁闭宽度为 200～300 m。互花米草群落的盖度为 65.7%，生物量为 1 031.3 g/m^2，密度为 124.8 株/m^2，株高为 150.3 cm。海三棱藨草群落的盖度为 16.3%，生物量为 56 g/m^2，密度为 73 株/m^2，株高为 32.9 cm。

5.2.3　滩涂植物群落分布成因分析

5.2.3.1　滩涂的环境因子空间分布

已有许多研究表明，沿海滩涂的环境因子与滩涂植物群落之间存在着一定的相互关系，特别是某些环境因子对滩涂植物的表现和分布会有较大的影响，如盐度、淹水、pH、ORP 等都是影响植物群落分布的重要环境因子。因此，本研究选取了对植物表现与分布影响较大的环境因子，从大尺度上分析上海滩涂土壤的环境因子空间分布状况，有助于进一步了解滩涂植物群落的分布规律。各环境因子在上海滩涂的空间分布状况见表 5-5，环境因子空间分布的数据来源于光滩，因为光滩所受干扰较小，可代表滩涂土壤环境的原始状况。

研究结果表明，各环境因子在上海滩涂分布具有高度的异质性，在不同滩涂表现出不同的特点，但会呈现出一定的规律性。

结果显示，潮波强度越强的滩涂，水动力越强，容重越大，如长兴岛和南汇边滩。滩涂越淤涨的地方，含水率越高，如九段沙和崇明东滩都是上海淤涨较快的滩涂，其含水率相对其他滩涂来讲更高。

pH 和盐度的分布表明，越靠近外海，受海水影响比较大的滩涂，pH 和盐度越高，如崇明东滩、九段沙和杭州湾北沿。而受长江来水影响比较大的淡水滩涂，如崇明西滩、南滩、长兴岛和宝山边滩，pH 和盐度则显著低于靠近外海的滩涂。

总氮、总磷的空间分布则表明，总氮、总磷较高的区域往往是污染较为严重的区域，比如渔船较多的港口，或是人为活动较为频繁的地方。总氮较高的区域有崇明南滩的新河港和三甲港，这两个区域都是开发力度较强的岸线；总磷较高的区域有长兴岛和浦东边滩，都是人为干扰较为严重的地方。

ORP 在滩涂的分布则并未显示出明显规律。

表 5-5　上海滩涂湿地各环境因子：容重，含水率，pH，ORP，总氮，总磷，盐度的空间分布

点位	容重/(g/cm^3)	含水率/%	盐度/10^{-12}	pH	ORP/mV	TN/(g/kg)	TP/(g/kg)
崇明东滩	0.98	37.54	9.16	7.3	47.6	1.33	1.75
崇明南滩	0.98	35.03	0.46	7.4	−106.4	1.75	1.73
崇明西滩	1.10	32.98	1.23	7.6	147.7	1.40	1.72
崇明北滩	0.75	47.69	7.81	7.4	14.7	1.39	1.77
长兴岛边滩	1.14	32.24	1.08	7.4	−35.1	1.50	2.02
横沙岛边滩	0.91	42.10	1.84	7.10	−41.5	1.51	2.02
九段沙	1.29	29.82	4.03	7.6	170.3	1.15	1.62
宝山边滩	1.12	32.72	1.08	7.2	−183.9	1.20	1.78
浦东边滩	1.08	34.16	1.56	7.4	42.3	1.56	2.10
南汇边滩	1.07	33.79	5.71	7.6	67.0	1.15	1.46
杭州湾边滩	1.44	25.21	7.41	7.9	142.0	0.57	1.75

为了进一步地研究各环境因子之间的关系，对其进行了 Pearson 的相关分析，分析结果如表 5-6 所示。

表 5-6　上海滩涂湿地各环境因子间的 Pearson 相关矩阵

环境因子	容重	含水率	pH	ORP	盐度	总氮	总磷
容重	—	−0.636**	0.161	0.377	−0.040	−0.169	−0.087
含水率	−0.636**	—	0.303	0.015	0.441	−0.006	0.005
pH	0.161	0.303	—	0.172	0.718**	−0.467*	−0.319
ORP	0.377	0.015	0.172	—	0.037	−0.093	−0.030
盐度	−0.040	0.441	0.718**	0.037	—	−0.228	−0.134
总氮	−0.169	−0.006	−0.467*	−0.093	−0.228	—	0.262
总磷	−0.087	0.005	−0.319	−0.030	−0.134	0.262	—

注：*为 0.05 水平上显著相关；**为 0.01 水平上极显著相关。

由表 5-6 可知，含水率与容重呈现负相关，滩涂越淤涨的地方，含水率越高。pH 与盐度呈现极显著的正相关，也就是说 pH 越高，盐度越高，越靠近外海的滩涂此规律表现的越加突出。pH 还与总氮呈显著负相关，pH 越低的地方，TN 越高。ORP 与其他环境因子之间则并没有显示出明显的规律性。TP 也并没有表现明显规律性，与 TN 呈弱正相关，但相关性并不显著。

5.2.3.2　滩涂环境因子与植物分布和表现间的关系

由于滩涂环境的异质性，滩涂植物对各环境因子会有不同的响应，因而植物群落的分布与生长也会不同。本节通过分析芦苇、互花米草和薹草与海三棱薹草植物群落在上海滩涂生境上的表现，以及环境因子与其植物群落分布和表现之间的关系，探讨植物群落分布格局的一般规律。芦苇、互花米草和薹草与海三棱薹草在上海滩涂湿地上的生长表现如图 5-6 至图 5-8 所示。环境因子与植物分布和表现的关系则通过 Pearson 相关分析得出，由于中潮滩环境适中，且离堤坝存在一定距离，受人为活动的干扰影响较小，因此，这一部分的分析数据选取的是中潮滩的数据，分析结果见表 5-7。

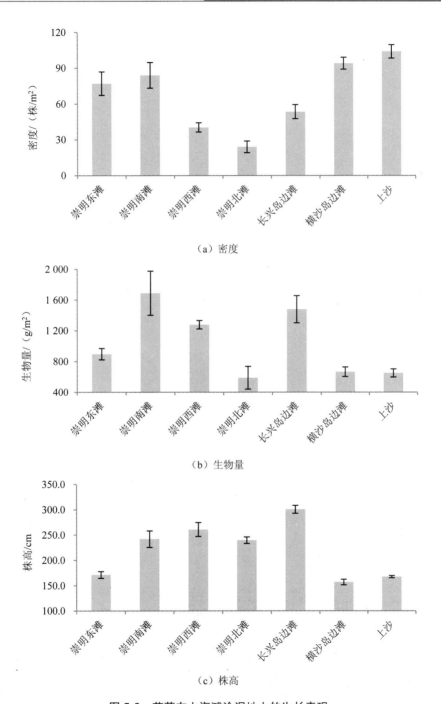

（a）密度

（b）生物量

（c）株高

图 5-6　芦苇在上海滩涂湿地上的生长表现

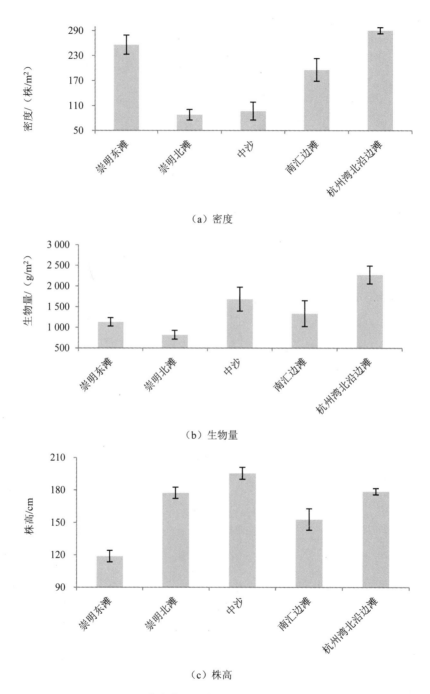

（a）密度

（b）生物量

（c）株高

图 5-7   互花米草在上海滩涂湿地上的生长表现

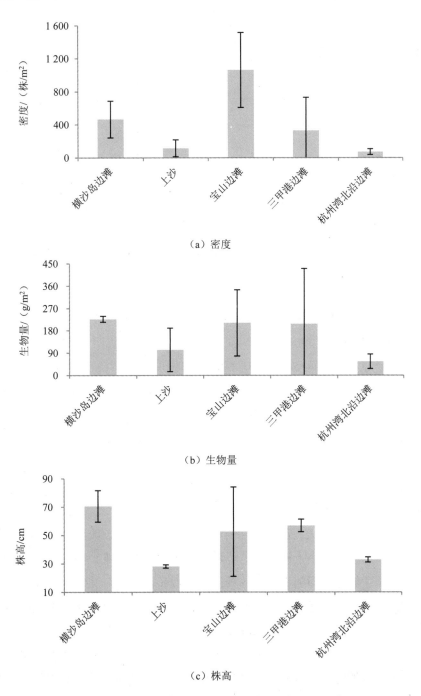

（a）密度

（b）生物量

（c）株高

图 5-8　藨草与海三棱藨草在上海滩涂湿地上的生长表现

表 5-7　上海滩涂湿地环境因子与植物表现的 Pearson 相关矩阵

植被类型		容重	含水率	pH	ORP	盐度	总氮	总磷
芦苇	盖度	0.055	−0.298	−0.710**	0.082	−0.292	−0.287	−0.079
	密度	0.503	−0.505	−0.134	0.033	−0.701**	0.406	−0.347
	生物量	0.611*	−0.593*	−0.606*	0.045	−0.822**	0.293	−0.482
	株高	0.520	−0.600*	−0.728**	−0.095	−0.619*	−0.059	−0.473
互花米草	盖度	−0.849*	0.562	−0.673	−0.849*	−0.032	0.665	0.504
	密度	−0.577	0.806*	0.525	0.310	0.841*	0.374	0.472
	生物量	0.037	0.227	−0.317	−0.208	−0.293	0.623	−0.561
	株高	0.565	−0.689	−0.496	−0.264	−0.817*	−0.257	−0.601

注：*为 0.05 水平上显著相关；**为 0.01 水平上极显著相关。

　　芦苇在上海滩涂湿地上的生长表现表明（图 5-7），生长较好的芦苇主要分布在盐度较低，靠近长江南支的滩涂，如崇明西滩、崇明南滩，崇明东滩团结沙、长兴岛、横沙岛和九段沙的上沙。表 5-6 显示，芦苇的生物量与株高及土壤含水率、pH 和盐度呈显著负相关。上一节得出 pH 与盐度呈显著正相关，说明越靠近外海，pH 和盐度越高的滩涂，芦苇生长表现越不好。芦苇的表现随着 pH 和盐度的升高而迅速降低，即滩涂土壤的 pH 和盐度会显著抑制芦苇的生长。含水率越高也会抑制芦苇的生长，上节的结论发现含水率越高的滩涂越淤涨，而从芦苇的生长表现图也发现崇明东滩为淤涨得很快的滩涂，因而土壤含水率很高，芦苇生长的也不好，这可能与芦苇不耐水淹有关系。

　　在受海洋潮汐影响较大、盐度较高的滩涂，互花米草生长较好（图 5-8），如崇明东滩、崇明北滩、九段沙的中下沙、南汇边滩和杭州湾北沿边滩。互花米草的密度随着盐度的升高而变大，但株高却随着盐度的升高而变矮（表 5-6），说明互花米草对于盐度有较强的耐受力，在不同的环境胁迫下具有不同的生长对策。互花米草的盖度与 ORP 呈负相关，也就是说在含氧量低的缺氧环境下，互花米草的盖度也很大。在土壤含水率越高的滩涂互花米草的密度越大，表明互花米草在很淤涨的滩涂也能较好的生长。总之，互花米草对于各种滩涂环境都具有较强的耐受力，广泛分布于适合其生长的生境。

　　蘑草和海三棱蘑草对于环境因子的响应也主要表现在盐度上，可以从蘑草和海三棱蔗草的分布图 5-9 看出，生长较好的蔗草和海三棱蔗草主要分布于盐度较低的滩涂。蔗草和海三棱蔗草在上海滩涂的分布常常形成混生群落，但在不同区域二者形成的混生群落中物种比例会有所不同。蔗草单群落主要分布在盐度较低接近淡水的滩涂：石洞口、吴淞口、三甲港；海三棱蔗草单群落零星分布于盐度略高的中等盐度滩涂：南汇边滩、奉贤金汇港，其密度较低，生物量也较低。在崇明东滩、九段沙、浦东机场东等滩涂，蔗草和海三棱蔗草则形成混生群落。

　　目前，上海滩涂植物群落仍然以芦苇、互花米草和莎草科植物群落为主，沿高程梯度呈明显的带状分布，芦苇群落主要分布在受长江上游来水影响较大、盐度较低、高程较高的滩涂，如崇明岛、长兴岛、横沙岛和九段沙。互花米草群落主要分布在受海洋潮汐影响较大盐度较高的滩涂，如崇明东滩、崇明北滩、九段沙的中沙、南汇边滩、杭州湾北沿边滩等。莎草科植物群落通常分布在盐度较低，高程也较低的滩涂，如崇明东滩、九段沙，横沙岛，宝山和浦东边滩。由于外来物种互花米草的入侵和人类高强度的围垦，上海植物群落的构成已发生很大变化，互花米草的分布面积已经超过芦苇和莎草科植物群落，成为上海滩涂植物群落中分布面积最大的优势植被。

　　上海滩涂生境的高度异质性，造成各环境因子在空间分布上会有所差异，但也呈现出一定的规律。由于芦苇、互花米草和蔗草-海三棱蔗草对各环境因子有不同的响应，因而导致它们在上海滩涂湿地上的分布与生长表现也呈现出不同的特点。可见环境因子对植物群落分布与表现有重要的影响，其中土壤盐度是影响上海滩涂植物群落分布与表现的主要因素，盐度会决定物种的分布，同时也决定着芦苇、互花米草、蔗草和海三棱蔗草的生长表现。这也是导致上海滩涂植物群落带状分布的重要因素。

5.3　滩涂植物群落分布动态遥感分析

5.3.1　滩涂植物群落时空分布动态

　　遥感分析显示，上海滩涂植被沿高程梯度呈明显的带状分布，其分布序列沿高程从高到低依次为芦苇群落、互花米草群落、莎草科植物群落。崇明东滩、崇明北沿、长兴岛、横沙岛、九段沙、南汇东滩等地植被分布较多，其他区域相对较少。互花米草集中分布在崇明东滩、崇明北沿、九段沙、南汇边滩、杭州湾边滩等地，而芦苇和莎草科植物在各滩涂上均有分布。近 20 余年，滩涂植被面积减少 1 343.93 hm²，莎草科植物群落面积减少最多，面积减少 4 725.81 hm²，芦苇群落面积减少 4 191.10 hm²，而互花米草群落快速扩张，面积增长到 7 572.95 hm²，滩涂植被动态变化如图 5-9、图 5-10、图 5-11 所示。

表 5-8　上海滩涂植被面积的时空变化

植被类型	1988 年		2000 年		2011 年		1989—2011 年净增减面积/hm²
	面积/hm²	百分率/%	面积/hm²	百分率/%	面积/hm²	百分率/%	
芦苇	10 575.19	55.37	5 281.29	40.73	6 384.09	35.95	−4 191.1
互花米草	0.00	0.00	2 441.79	18.83	7 572.95	42.65	7 572.95
莎草科植物	8 524.75	44.63	5 244.93	40.45	3 798.94	21.40	−4 725.81
合计	19 099.91	100.00	12 968.01	100.00	17 755.98	100.00	−1 343.93

1988 年上海滩涂植被总面积为 19 099.91 hm²。主要植被组成为芦苇群落和莎草科植物群落。芦苇群落为当时滩涂的优势植被群落，分布面积达 10 575.19 hm²，所占比重 55.37%，大面积的芦苇群落主要分布在崇明东滩和北部边滩，南汇东滩和杭州湾北岸也有适量分布。莎草科植物群落主要分布在芦苇群落外侧，分布的面积为 8 524.75 hm²，所占比重 44.63%。

2000 年与 1988 年相比，上海地区滩涂植被总面积有较大幅度的减少，截至 2000 年植被总面积减少至 12 968.01 hm²。从图 5-10 至图 5-12 可以看出，植被面积减少最明显的区域是崇明东滩，由于大堤的建成，高潮滩芦苇被圈围后面积明显减少。从表 5-8 可以看出，这一时间段滩涂植被的结构发生了明显的变化，由原来的芦苇和莎草科植物群落变为芦苇、互花米草和莎草科植物群落。1996 年左右，外来种互花米草被分别引入九段沙、崇明东滩和南汇边滩，由于其良好的促淤功能，当地政府也相继在这些引入地组织过多次种植，2000 年，人工种植加上自然发育，互花米草面积已达到 2 441.79 hm²。虽然潮滩在淤涨发育，中低潮滩在逐渐向高潮滩演替，但由于互花米草的竞争，芦苇的面积有所减少，到 2000 年，芦苇的总面积为 5 281.29 hm²。互花米草的入侵改变了滩涂植被结构，但芦苇群落和莎草科植物群落仍为这个时期的主要植物群落，所占比重分别为 40.73% 和 40.45%。

图 5-9 1988 年上海滩涂植物群落分布

图 5-10　2000 年上海滩涂植物群落分布

互花米草滩涂　海三棱藨草滩涂　芦苇滩涂　光滩

0 1.5 3　　6 km

图 5-11　2011 年上海滩涂植物群落分布

2000 年之后，上海市政府加大了对滩涂湿地的保护力度，随着崇明东滩、九段沙两个国家级自然保护区的建立，再加上滩涂的自然淤涨发育及植被的自然演替，滩涂植被在两个自然保护区的面积增加较快。而在非自然保护区，由于圈围强度的加大，滩涂植被退化依然比较严重。南汇边滩人工促淤堤的加高，大面积的滩涂植被几乎全部被圈围。加上长兴青草沙水库的动工建设，长兴岛西北角中央沙的圈围，江南造船厂和横沙东滩的人工圈围工程，以及崇明北部边滩的圈围，使得上海非自然保护区的滩涂植被面积大大减少。但是，总体来看，2011 年滩涂植被面积较 2000 年还是有所上升的，2011 年，上海滩涂植被的总面积为 17 755.98 hm^2。芦苇群落由于受到保护面积有所增加，从 2000 年的 5 281.29 hm^2 增加到 2011 年的 6 384.09 hm^2。莎草科植物群落面积则持续下降，从 2000 年的 5 244.93 hm^2 减少到 2011 年的 3 798.94 hm^2。这期间，互花米草面积却保持增长的趋势，从 2000 年的 2 441.79 hm^2 增长到 2011 年的 7 572.95 hm^2。2011 年遥感解译分析，互花米草群落已占总植被比重的 42.65%，已超过本地芦苇群落和莎草科植物群落的面积。

5.3.2　影响滩涂植物群落时空分布的驱动因子

影响滩涂植被变化的驱动因子一般可分为两类：一类是自然驱动因子（如气候、水文、地形和地貌等），另一类是人为驱动因子（如人口、社会经济、政策和文化等）。

5.3.2.1　自然因子对植物群落时空分布的影响

上海地处长江入海口，长江挟带大量泥沙在此沉积，使得长江口的滩涂不断发育淤涨。研究发现，近 20 年崇明东滩的 1 m 等高线向东延伸 4.8 km，年均东移 218 m，南汇东滩则向东延伸 4.5 km，年均东移 204 m。随着滩涂的淤涨抬高，一些先锋植物（海三棱藨草）开始在光滩上定植，随着滩涂高程不断增加，芦苇（或互花米草）开始扩散至海三棱藨草群落中，海三棱藨草种群受到排斥，最终被芦苇（或互花米草）群落所替代，同时，海三棱藨草又在新生的滩涂上定植繁衍，整个植被带逐渐向海延伸。由此可见，滩涂淤涨是影响滩涂植被发育与植被动态的基本因素，也是滩涂植被演替的重要驱动。此外，水文、气候等自然因素的变化也对滩涂植被的时空格局有一定的影响。

5.3.2.2　人为因子对植物群落时空分布的影响

改革开放以来,上海的社会经济一直保持飞速发展。根据统计年鉴的数据显示,近20 年上海的生产总值平均增长速度保持在两位数以上,经济的增长也导致了人口数量的剧增。

城市的发展和人口的膨胀使经济建设用地和居民住房用地大幅度增加,加重了经济发展和人口增长与土地资源缺乏的矛盾,而长江口滩涂的不断淤涨为圈围创造了条件,在一定程度上缓解了土地资源短缺的状况。近 20 年来,随着上海飞速发展,圈围规模显著加剧,特别是崇明东滩、崇明北沿、南汇东滩、长兴岛和横沙岛等滩涂植被分布较多的区域。由于芦苇比海三棱藨草分布在高程更高的区域,因此早期的圈围对芦苇的分布造成较大影响,从而导致芦苇群落面积持续下降。在崇明东滩,岸线与中低潮滩分界线的间隔随时间推移越来越小,1990 年两者间最大直线距离达 5 500 m,2004 年缩减至 2 400 m 左右,高滩区越来越少,分布在高滩的芦苇等植物也随之减少。随着高滩资源损失殆尽,圈围逐步转向高程较低的中、低滩,致使低滩植被遭到严重损失。南汇边滩的岸线和中低潮滩分界线之间的距离一直很小,目前已圈围至 0 m 线附近,堤外几乎无植被分布。

为了缓解土地资源短缺,加速滩涂淤涨,长江口进行了多项促淤工程。互花米草由于其良好的促淤效果及对上海滩涂环境良好的适应性,被引种到崇明东滩、九段沙和南汇东滩等地,并迅速定植、扩展,对整个滩涂植被的格局造成了影响,进而影响了滩涂的生态功能。在互花米草入侵以前,莎草科植物群落主要分布在离堤坝较远、高程较低的区域,芦苇主要分布在靠近堤坝、高程较高的区域。互花米草入侵以后,成功定植并排斥海三棱藨草形成单物种群落,使海三棱藨草呈狭窄的带状分布,有的区域甚至已经消失。芦苇群落由于受到互花米草的竞争,面积减小,有的则以小面积斑块夹杂在大面积的互花米草群落中。崇明东滩和九段沙在引种互花米草后变化尤为明显。目前,互花米草在崇明东滩、崇明北滩、九段沙、大陆边滩等多处滩涂均有分布,分布面积超过7 572.95 hm^2,已成为上海滩涂湿地最主要的植物群落类型之一。互花米草的快速入侵,直接导致滩涂土著植物的数量锐减,结构改变,进而影响底栖动物群落结构,威胁鱼类生境,间接影响以土著植物群落为栖息环境,以底栖动物和鱼类为食物来源的水鸟种群数量,使滩涂生态系统生物多样性降低。互花米草虽然促进了泥沙的快速沉降和淤积,但也改变了潮间带的地形,妨碍了潮沟和水道的畅通,使滩涂营养物质与水分循环的能力降低，减弱了滩涂对病虫害的抵抗能力、生物多样性保护能力和生态系统自动调节能力，致使生态系统退化。

近年来，长江中上游三峡工程、南水北调工程、水土保持工程等大型水利工程相继开工，上游来沙量明显减少。据大通站资料统计（1953—2008 年），长江多年输沙量平均为 3.98 亿 t，近 10 年平均为 2.13 亿 t，而近 5 年平均为 1.43 亿 t，来沙不断减少，并有不可逆转的趋势。由于长江输沙量的下降，滩涂发育趋缓，部分岸段甚至出现了侵蚀的现象，对滩涂植被的时空变化产生重要的影响。

此外，在经济利益驱使下的滩涂放牧、养殖等经济活动也对滩涂植被格局有着重要的影响。如崇明东滩春季，放牧的牛群对芦苇的嫩芽进行取食，降低了芦苇的相对竞争能力，有利于互花米草对芦苇的竞争排斥，牛群对莎草科植物的践踏、啃食还可以导致滩涂的莎草科植物种群密度下降，甚至退化成光滩，导致植被格局改变。

5.4 典型滩涂环境因子对植物群落特征空间分布的影响

5.4.1 崇明东滩

5.4.1.1 沿高程梯度的环境因子分布

从图 5-12 的结果可以看出，崇明东滩的环境因子随着离堤坝距离的变化而变化，变化趋势表现出一定的规律性。

随着离堤坝距离的变化，土壤容重在有植被的样线基本处于稳定状态，数值保持在 $1.08 \sim 1.14 \ \text{g/cm}^3$ 范围内，但在距堤坝 1 300 m，即处于光滩时，容重相比有植被覆盖的潮滩都要偏小，仅为 $0.78 \ \text{g/cm}^3$[图 5-12（a）]。随着离堤坝距离的缩短，崇明东滩土壤含水率先减低后升高[图 5-12（b）]，而土壤盐度则是从 13.65‰升高至 25.03‰，然后下降至 6.18‰，最高值出现在中高潮滩[图 5-12（e）]。东滩土壤 pH 呈碱性，随着与海距离的增加，pH 先降低后升高，光滩的 pH 最高，为 7.72[图 5-12（c）]。随着离堤坝距离的缩短，东滩土壤的 ORP 先升高，后降低，ORP 在 $-156.9 \sim 184.4 \ \text{mV}$ 变动[图 5-12（d）]。随着与堤坝距离的缩短，崇明东滩土壤的总氮、总磷基本处于先下降后上升的趋势，在中潮滩时值最低，高潮滩时值最高[图 5-12（f）～（g）]。

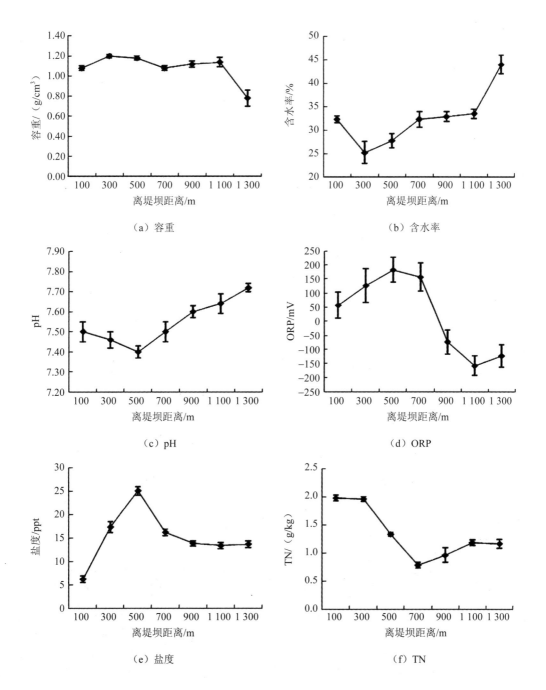

（a）容重

（b）含水率

（c）pH

（d）ORP

（e）盐度

（f）TN

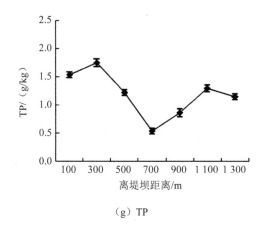

（g）TP

图 5-12　崇明东滩捕鱼港滩涂湿地容重、含水率、pH、ORP、盐度、TN、TP 与堤坝距离的关系

5.4.1.2　沿高程梯度的植物群落特征

芦苇在崇明东滩自然分布的范围是从距堤坝 100～700 m 的滩涂，即从中潮滩至最高潮滩。图 5-13 表明，随着与海距离的增加，芦苇的盖度、密度、生物量和株高的变化均为先降低后升高，呈"V"趋势。越近堤坝处，芦苇生长越好，而在中高潮滩时，芦苇的生长表现最差。

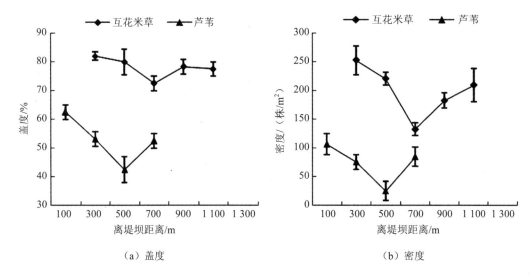

（a）盖度　　　　　　　　　　　　　　　　（b）密度

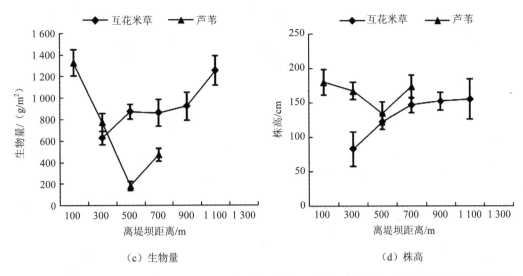

图 5-13　崇明东滩捕鱼港滩涂芦苇与互花米草的盖度、密度、生物量、株高与堤坝距离的关系

互花米草在崇明东滩分布的范围是从距堤坝 300～1 100 m 的滩涂。图 5-13 显示，随着与海距离的增加，互花米草的盖度无明显变化。密度先下降后升高，呈 V" 趋势，在中潮滩时互花米草的密度最低。而互花米草的生物量和株高却对着高程的抬高逐渐减小。

5.4.1.3　环境因子与植物生长表现之间的相互关系

崇明东滩土壤 pH 呈弱碱性，芦苇的密度和株高随着 pH 的升高而变大。而芦苇的盖度、生物量与 ORP 呈显著负相关。崇明东滩土壤的盐度与芦苇的生长表现呈显著负相关，其盖度、密度与生物量均随盐度的升高而降低（表 5-9）。

互花米草的盖度和密度与土壤容重、总氮和总磷呈显著正相关，即土壤容重越大，土壤养分有效性越高，互花米草的盖度和密度越大。崇明东滩土壤的含水率越高，互花米草的株高越高。随着与堤坝距离的增加，互花米草生长的越好，生物量和株高逐渐增加（表 5-9）。

表 5-9　崇明东滩捕鱼港滩涂湿地环境因子与植物表现的相关性（Pearson 相关分析）

植被类型		容重	含水率	pH	ORP	盐度	总氮	总磷	与堤坝距离
芦苇	盖度	−0.608	0.492	0.860	−0.948*	−0.990**	0.484	0.273	−0.643
	密度	−0.674	0.545	0.958*	−0.833	−0.945*	0.288	0.078	−0.435
	生物量	−0.431	0.329	0.682	−0.996**	−0.949*	0.697	0.510	−0.832
	株高	−0.656	0.518	0.977*	−0.751	−0.889	0.203	0.004	−0.327
互花米草	盖度	0.947**	−0.715	−0.288	0.026	0.337	0.860*	0.879*	−0.476
	密度	0.973**	−0.710	−0.253	−0.009	0.303	0.919*	0.974**	−0.435
	生物量	−0.369	0.787	0.727	−0.764	−0.388	−0.515	−0.232	0.917*
	株高	−0.799	0.974**	0.685	−0.585	−0.446	−0.913*	−0.747	0.911*

注：*为 0.05 水平上显著相关；**为 0.01 水平上显著相关。

5.4.2　奉贤金汇港滩涂

5.4.2.1　沿高程梯度的环境因子分布

结果表明，奉贤金汇港的环境因子随着离堤坝距离的变化而变化，变化趋势沿高程呈现明显的梯度变化（图 5-14）。

随着与堤坝距离的缩短，奉贤金汇港土壤的容重和氧化还原电位呈逐渐上升的趋势，均在中高潮滩，即离堤坝 300 m 处达到最高值，容重最大值为 1.48 g/cm^3，ORP 的最大值为 166 mV[图 5-14（a）（d）]。而金汇港土壤盐度和 pH 则随着与堤坝距离的缩短，逐渐下降，在高潮滩，即离堤坝 100 m 处值最小，pH 从 7.76 下降至 7.56，盐度从 $10.85×10^{-12}$ 下降至 $7.15×10^{-12}$[图 5-14（c）（e）]。金汇港土壤的含水率、总氮、总磷则沿高程梯度无明显变化，含水率在 23.26%～25.13%波动，总氮在 0.71～0.95 g/cm^3 范围内变动，总磷则在 1.48～1.58 g/cm^3 变动。

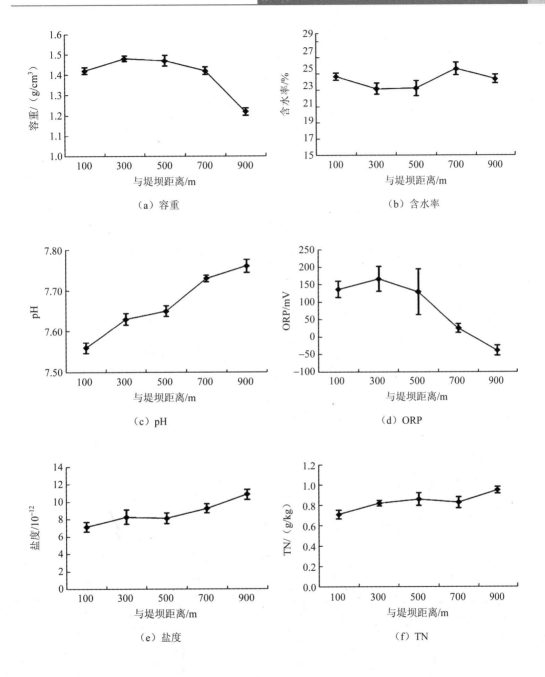

（a）容重

（b）含水率

（c）pH

（d）ORP

（e）盐度

（f）TN

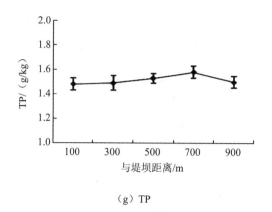

（g）TP

图 5-14   奉贤金汇港滩涂湿地容重、含水率、pH、ORP、盐度、TN、TP 与堤坝距离的关系

5.4.2.2   沿高程梯度的植物群落特征

互花米草在奉贤金汇港分布的范围是距堤坝 100～900 m 的滩涂。从图 5-15 可以看出，随着与海距离的增加，互花米草的盖度、密度、生物量和株高都逐渐增加，互花米草生长表现越来越好。

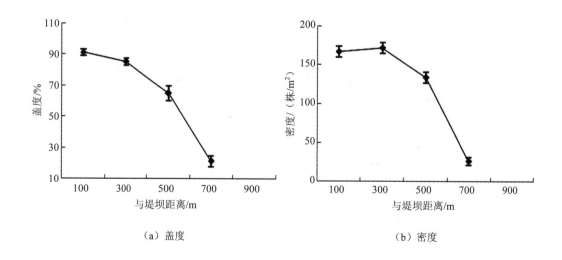

（a）盖度   （b）密度

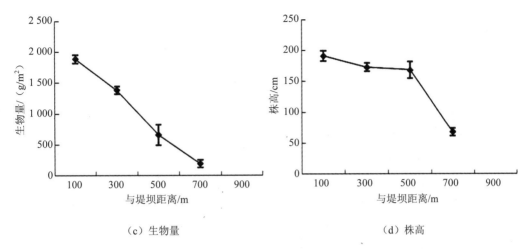

（c）生物量　　　　　　　　　　（d）株高

图 5-15　奉贤金汇港滩涂互花米草盖度、密度、生物量、株高与堤坝距离的关系

5.4.2.3　环境因子与植物生长表现之间的相互关系

表 5-9 显示，金汇港土壤盐度的增加会显著抑制互花米草的生长，其盖度、密度、生物量和株高均随盐度的升高而降低。土壤的总磷与互花米草的盖度、密度、生物量和株高也呈显著负相关。土壤 ORP 与互花米草的生长表现呈正相关，这意味着在氧化度较高的滩涂，有利于促进互花米草的生长。

表 5-10　奉贤金汇港滩涂湿地环境因子与互花米草生长表现的相关性（Pearson 相关分析）

	容重	含水率	pH	ORP	盐度	总氮	总磷	与堤坝距离
盖度	0.374	−0.628	−0.940*	0.946*	−0.885*	−0.527	−0.991**	−0.938*
密度	0.505	−0.737	−0.887	0.983**	−0.833*	−0.394	−0.965*	−0.876
生物量	0.037	−0.299	−0.957*	0.767	−0.893*	−0.793	−0.963*	−0.996**
株高	0.425	−0.698	−0.920*	0.943*	−0.903*	−0.424	−0.933*	−0.870

注：*为 0.05 水平上显著相关；**为 0.01 水平上显著相关。

5.5 小结

滩涂是一种高度异质性的生境，其异质性表现在垂直方向上的梯度变化。随着滩涂高程的增加，受到潮汐的影响也逐渐减小，与潮汐密切相关的一系列环境因子如盐度、含水率、氧化还原电位等沿高程呈一定的规律变化。滩涂湿地的高度异质性还体现在水平方向上的异质性：不同区域的滩涂，在垂直方向上的异质性特征也不同。例如，在崇明东滩，滩涂环境因子与高程并未呈线性关系，往往呈"V"形或"N"形分布。这是由于滩涂环境因子除了受潮汐影响外，还受蒸发量、降雨等气候作用及生物作用等多方面的环境影响。

芦苇和互花米草对滩涂的环境因子有不同的响应，表明这两种植物对滩涂环境具有不同的耐受力与适应力，这是导致滩涂植物带状分布的重要因素。本章研究表明盐度是限制芦苇生长的主要因子，东滩芦苇的表现随着盐度的升高而迅速降低，盐度会显著抑制芦苇的生长。土壤氧化性升高会抑制芦苇的生长，而 pH 的升高则会促进其生长。芦苇在崇明东滩的表现表明，当环境胁迫减小时，芦苇表现也越好。互花米草对盐度具有较强的耐受力，大量研究表明互花米草可耐受 40×10^{-12} 的高盐度，在盐度 $10\times10^{-12}\sim20\times10^{-12}$ 的范围内，其生长不受影响。在崇明东滩，互花米草的生长表现与盐度并未呈现出显著的相关性，但在奉贤金汇港滩涂，互花米草的生长表现却与盐度呈现出显著的负相关，这与互花米草的种群年龄有关，越在靠近岸线的互花米草年龄越小，由于 Allee 效应，低龄的互花米草生长表现往往不如中等年龄的互花米草。芦苇在高潮滩环境表现出较强的适应力，互花米草在潮间带较大的高程范围内都具有较强的适应力，因此，互花米草的自然分布高程会与芦苇相重叠，形成混生群落。

研究表明，崇明东滩的植物群落特征和奉贤金汇港滩涂植物群落显示出明显的差异：①崇明东滩的分带特征明显，具有互花米草带与芦苇带，而金汇港滩涂仅有互花米草带；②在金汇港滩涂，互花米草的生物量随滩涂高程的增加而逐渐增加，而在崇明东滩则正好相反。产生这些差异的主要原因有以下两个。其一，滩涂水文条件的差异。奉贤边滩是杭州湾边滩的一部分，水动力较强，因此滩涂一般较窄，边缘效应明显，且无潮沟，潮水上涨或回落时，一般都会将滩涂完全淹没，因此环境因子沿高程梯度十分明显，植物的生长表现也呈现出明显的梯度。而崇明东滩水动力较弱，滩面宽阔，潮沟纵横，潮水一般沿潮沟流动，潮沟的存在降低了部分滩面的水淹频率，使蒸发和降水淋溶的作用更加明显，这就导致崇明东滩环境因子的空间分布较为复杂，植物生长表现也较为复杂。其二，滩涂植物群落演替阶段的差异。在本研究中，崇明东滩的植物群落呈现出典型的成熟群落特征：互花米草群落中存在大量已经死亡但未倒伏的互花米草植株，由于死亡的互花米草植株占用了大量的空间，遮蔽了光线，不利于互花米草的更新，也促进了群落的演替，因此，崇明东滩也分布有大量的芦苇群落。与崇明东滩类似的还有九段沙。而奉贤金汇港的植物群落则呈现出新生植物群落的特征。

第 6 章

上海滩涂湿地生态系统服务功能评价

6.1 评价方法

6.1.1 滩涂湿地生态系统类型划分

生态系统（Ecosystem）是英国生态学家 Tansley 于 1935 年首先提上来的，指在一定的空间内生物成分和非生物成分通过物质循环和能量流动相互作用、相互依存而构成的一个生态学功能单位。生态系统是生物体与气候、水、土壤等诸因素组成的相互制约和促进，相对平衡并有自我修复组织功能的系统[178]。

地球上最大的生态系统是生物圈，它包括地球上的全部生物及其无机环境。在生物圈这个最大的生态系统中，还可以分出很多个生态系统，如一片森林、一块草地、一个池塘、一块农田、一座城市、一片海洋等，都可以各自成为一个生态系统，不同的生态系统拥有各自不同的功能。

上海地区滩涂植被组成简单，主要有以芦苇和互花米草构成的单物种群落，还有海三棱藨草、藨草、糙叶苔草等混生形成的莎草群落。因此，将整个滩涂生态系统细分为芦苇滩涂、互花米草滩涂、海三棱藨草滩涂和光滩（盐渍藻类滩涂）滩涂。

6.1.2 生态系统主要服务功能分类

生态系统服务功能一般划分为提供产品功能、调节功能、文化功能和支持功能 4 大类。湿地生态系统的服务功能同样可以按这 4 类来划分。

（1）提供产品功能。湿地生态系统提供的产品主要包括人类生活及生产用水、水力发电、内陆航运、水产品生产、基因资源等。

（2）调节功能。湿地生态系统的调节功能主要包括水文调节、河流输送、侵蚀控制、水质净化、空气净化、区域气候调节等。

（3）文化功能。湿地生态系统的文化功能主要包括文化多样性、教育价值、灵感启发、美学价值、文化遗产价值、娱乐和生态旅游价值等。

（4）支持功能。湿地生态系统的支持功能主要包括生物多样性保护、有机物质的生产等。

依据国内外研究的生态系统服务功能内涵及其分类，结合上海地区滩涂生态系统结构及其分类，本研究将滩涂生态系统的主要服务功能确定为：原材料提供及渔业生产、大气调节、土壤保持护、生物多样性保持、净化水质和文化功能等 6 大服务功能。各类生态系统与服务功能之间的对应关系如表 6-1 所示。

表 6-1　上海滩涂湿地生态系统及其对应的生态服务功能

生态系统服务功能	芦苇滩涂	互花米草滩涂	海三棱藨草滩涂	光滩
原材料提供及渔业生产	√	—	√	√
大气调节	√	√	√	—
净化水质	√	√	√	—
土壤保持	√	√	√	√
生物多样性保持	√	√	√	√
文化功能	√	√	√	√

（1）原材料提供及渔业生产。生态系统原材料提供的功能是生态系统服务功能的重要组成部分，是人类赖以生存和发展的基础。生态系统通过第一性生产与次级生产、合成与生产了人类生存所必需的有机质及其产品。根据全球千年生态系统评估框架定义，生态系统产品的提供功能主要包括人类从生态系统中直接获得的粮食、洁净水、燃料、纤维、生物化学物质和基因资源等，这些生态系统产品维持了人类最基本的生活，也为其他产业的生产提供了基础原料。上海地区滩涂所能供应的原材料是芦苇的地上部分，

主要是作为造纸、制造饭盒、建筑等的材料。长江口地区渔业资源水面面积为 200 000 hm^2 左右，是我国河口渔业的重要渔场。滩涂湿地每年为上海地区提供近万吨的水产品，该地区还是中华绒螯蟹和日本鳗鲡繁殖的天然且优良的场所，盛产大量的蟹苗、鳗苗等，丰富的水产品为当地居民创造了生产价值。

（2）大气调节。在一个生态系统中，大多数植物在生长过程中都需要吸收大量的二氧化碳并制造出氧气，同时各种生物（动物、植物、微生物等）还会不断吸收（吸附）、转化多种大气成分。这些生化过程共同构成了生态系统调节大气组成与气候的基础。滩涂湿地对大气环境既有正面影响，也有负面影响。对大气调节的正效应是通过分布的挺水植物（芦苇、互花米草、海三棱藨草）和沉水植物的光合作用固定大气中的 CO_2，向大气释放 O_2。而对大气的负效应体现在释放温室气体。由于湿地 N_2O 的排放量比较小，因此只考虑湿地水生植物区释放的 CH_4。

（3）净化水质。湿地被誉为"地球之肾"具有减少环境污染的作用，尤其是对氮、磷等营养元素，以及重金属元素的吸收、转化和滞留有较高的效率，能有效降低其在水体中的浓度。湿地通过减缓水流，促进颗粒物沉降，从而使其上附着的有毒物质也被从水体中去除。长江口及其附近海域是我国重要的渔业产区，具有重要的社会与经济价值。但该区域长年受到赤潮的威胁，主要原因就在于长江来水携带大量的营养物质，导致部分藻类的过量生长[180-182]。因此该区域的水质净化功能可以通过生物净化来实现，过剩的营养物质和部分污染物质在生物体内累积、富集、转化为生物自身组织，可以通过收获湿地生物的方式从湿地中去除。在长江口可以通过收割优势种植物互花米草、芦苇和海三棱藨草来实现。

（4）土壤保持。土地是人类几乎所有活动的基础，尤其在人口密度较高、经济较为发达的地区，土地更是成为最宝贵的资源之一。上海作为中国最发达的城市之一，高速的经济发展对土地的需求非常大，目前土地已经成为制约上海经济发展的瓶颈之一。为解决此类问题，很多地区不得不将希望寄托在对森林、湿地等自认生境的转化上——"垦荒"，甚至在城市化速度较快的地区，农业用地也成为牺牲的对象。上海的迅速发展，城市化与工业化的脚步迫切需要更多的土地用于建设用地-满足交通、工业等的需要[183]。因此滩涂湿地在近几十年来成为最重要的"垦荒"对象，在一定程度上缓解了上海经济发展、人口增长对土地资源的需求。

（5）生物多样性保持。生态系统不仅为各类生物物种提供繁衍生息的场所，而且还为生物进化及生物多样性的产生与形成提供了条件[184]。同时，生态系统通过生物群落的整体创造了适宜生物生存的环境。生态系统在为维持与保存生物多样性的同时，还为农作物品种的改良提供了基因库[185]。生物多样性是生态系统服务功能的重要内容，同时在人类进化及整个经济社会发展中起了重要作用，并且因赋存生命遗传物质，因而随着时间的推移，其作用将越来越大。长江口滩涂湿地是一个新陈代谢十分旺盛的生态系统，具有丰富的动植物资源。其中高等维管束植物 136 种，底栖动物近 60 种，鱼类 112种，浮游动物 128 种左右。长江口滩涂湿地为野生动植物的生存和繁殖提供了栖息地。此外，长江口地处候鸟亚太迁徙路线上，湿地上丰富的底栖动物和游泳动物为鸟类提供了饵料。长江口湿地鸟类有 150 余种，其中列入国家保护的种类有 17 种，列入中日候鸟保护协定的 102 种，列入中澳候鸟保护协定的有 49 种。

（6）文化功能。自然生态系统的风光可以带给人类美的感觉，同时还可以给人类提供不同的娱乐方式。娱乐活动既可以强身健体，又可以缓解现代化生活的各种压力，改善人类的精神健康状况。经过连续多年高速度的经济发展，上海市境内可供旅游与休闲的自然生态资源所剩无几，因此残余的滩涂湿地在旅游资源方面就显得格外重要。同时，事实也证明，对于上海居民而言，滩涂湿地是一种重要的旅游区域，例如，崇明东滩每年的游客人数可高达十余万人次[186]。上海地区滩涂湿地独特的水陆交互作用地形及丰富的自然资源具有较高的科研教育文化价值。

6.1.3　生态系统服务功能价值的评价

生态系统服务功能的价值体现，即生态价值的鉴别、量化和货币化都很困难，目前世界上还没有关于生态价值成熟的定价方法，多是采用一些替代法计算，但由于不同人对参数选取的差异，所得结果往往差异很大。国内研究者主要对现有的价值评价方法加以引进和使用。

滩涂湿地生态系统服务功能评价的主要方法是把环境资源看作是某种可以市场化的产品输入，进行替代计算。因此根据上海地区滩涂湿地的特点和数据的可获得性，将生态系统服务功能分为直接使用价值和间接使用价值进行价值评估。直接使用价值包括原材料提供及渔业生产和休闲娱乐；间接使用价值包括大气调节、净化水质、生物多样性保持、土地保护、科研教育。

（1）原材料提供及渔业生产。原材料提供的价值直接用市场价值法进行评价。计算公式如下：

$$V_P = \sum S_i \, Y_i \, P_i \qquad\qquad (6\text{-}1)$$

式中：S_i ——第 i 类物质产品可收获的面积；

$\quad\quad Y_i$ ——第 i 类物质产品的单产；

$\quad\quad P_i$ ——第 i 类物质产品的单位价格。

上海地区滩涂湿地提供的原材料主要是芦苇，调研资料，获得其单位价格为 400 元/t，在最后的估算中原材料提供的价值按照可收获面积按总生产面积的 50% 计算。滩涂渔业资源丰富，渔业产品的价值通过调阅统计年鉴和相关资料，得出单价，并进行估算。

（2）大气调节。大气的调节功能分为 3 部分：植物固定 CO_2，释放 O_2，以及排放温室气体 CH_4。大气调节功能价值计算公式如下：

$$大气调节价值 = 固定\ CO_2\ 价值 + 释放\ O_2\ 价值\ -\ 释放\ CH_4\ 负效应价值 \qquad (6\text{-}2)$$

通过设在崇明东滩的碳通量塔来估算不同滩涂类型的固碳水平，通过公式估算出主要滩涂植物释放 O_2 的量，然后采用替代法来确定二者的价值，植物的固碳价值采用造林成本 260.90 元/t C 和 IPCC 得到的温带森林的固碳成本 14.25 美元/t C 的均值作为碳税标准进行估算。O_2 释放及其价值分别用造林成本 352.93 元/t O_2 和工业制氧成本 0.4 元/kg O_2 来估算其经济价值，取二者的平均值进行计算。CH_4 释放的价值沿用 Costanza 提出的 CH_4 经济价值 0.11 美元/kg 进行估算。

（3）净化水质。上海地区滩涂湿地生长着大量的芦苇、互花米草和海三棱藨草，它们能吸收大量的氮、磷等营养物质，同时互花米草还对汞具有极强的富集作用，以此对水起到净化作用。因此，滩涂湿地净化水质的价值为湿地去除营养盐和重金属的价值之和。本研究采用生产成本法来对其去除营养盐的价值进行评估。单价采用长江口青草沙水库的运行成本，根据各类型滩涂对营养盐去除能力的强弱，设置相应权重并进行估算。

据仲崇信等[187]的研究成果，每克互花米草植株生物量富集汞的能力约为 4.43×10^{-5} g/g，并以当前主要污染业削减率为 0.9 时的全国平均边际削减费用 1.233 万元/t（小规模）[188]，便可估算出互花米草富集汞的经济效益。

（4）土壤保持。土地是重要的不可再生资源。据研究，自然界每生成 1 cm 厚的土壤层需要 100 年以上的时间。也就是说土壤层是经过自然生态系统千百年的生物和物理过程产生和积累而成的，它是一个国家财富的重要组成部分。滩涂湿地是上海地区重要的后备土地资源，是人们生产、生活的重要保障。该服务功能的价值采用替代法进行估算，通过查阅资料，得出工程促淤的成本，并且根据各类型滩涂促淤能力，设置一定的权重，以此来折合计算该功能的价值。

（5）生物多样性保持。上海市滩涂湿地是众多鸟类及野生动物的栖息地或避难所，生态服务价值丰富。本研究运用两种方法对这项功能进行评估：一种方法是根据 Costanza 等人的研究结果，这一服务功能的年生态效益是 439 美元/hm^2 进行估算；另一种方法是对滩涂湿地生物多样性（鸟类、底栖动物、鱼类等）的实地调查和资料收集，了解上海不同类型滩涂生物多样性的基本状况根据湿地国际提供的指标，根据湿地的面积和珍稀物种的数目，确定湿地的等级，进而得到设施和机构控制成本（表 6-2）[189]。最后取两种方法计算所得结果的平均值并结合各类型滩涂生物多样的大小进行估算。

表 6-2　湿地提供重要物种栖息地功能级别划分标准及生态效益

级别	面积/km^2	珍稀物种数/种	设施与机构控制成本/美元	权变估值法/美元
1	$>1 \times 10^5$	>10	$>1 \times 10^8$	$>1 \times 10^8$
2	$>1 \times 10^4$	>8	$>1 \times 10^7$	$>1 \times 10^7$
3	$>1 \times 10^3$	>4	$>1 \times 10^6$	$>1 \times 10^6$
4	$>1 \times 10^2$	>2	$>1 \times 10^5$	$>1 \times 10^5$
5	$>1 \times 10^2$	>2	$>1 \times 10^5$	$>1 \times 10^5$

（6）文化功能。经过连续多年高速度的经济发展，上海市境内可供旅游与休闲的自然生态资源所剩无几，因此残余的滩涂湿地在旅游资源方面就显得格外重要。同时，事实也证明，对于上海居民而言，滩涂湿地是一个重要的旅游区域，例如，崇明东滩每年的游客人数估计可高达 10 余万人次[190]。该价值主要采用旅游成本法来估算，单价采用上海居民对前往九段沙湿地旅游休闲的家庭支付意愿中位值 2.4 元[191]，家庭户数则通过查阅相关统计年鉴获得。

滩涂生态系统还具有相关的基础科学研究、应用开发研究、教学实习、文化宣传等价值。该价值取陈仲新和张新时[192]研究得到中国单位面积生态系统的平均科研价值 382 元/hm² 和 Costanza 等对全球湿地生态系统科研文化功能评估平均值 861 美元/hm² 的均值进行估算。由于各类滩涂的生物多样性不同，在科研教育价值上存在一定差距，因此最后需要对均值乘以一个系数，来获得相应单价。

最后求出上海地区滩涂湿地生态系统服务功能总价值，即各项分价值之和：

$$V_T = V_1 + V_2 + V_3 + V_4 + V_5 + V_6 \qquad (6\text{-}3)$$

式中：V_T——总价值；

V_1——原材料提供及渔业生产价值；

V_2——大气调节价值；

V_3——净化水质价值；

V_4——土地保护价值；

V_5——生物多样性保持价值；

V_6——文化功能价值。

6.2　评价结果

6.2.1　滩涂湿地生态系统服务功能及变化

6.2.1.1　评价结果

生态系统服务功能价值计算根据前文所示的计算方法和公式，以上海每年实际的社会经济、人口规模及滩涂面积等基础数据，对上海滩涂不同生态系统的各项服务价值进行计算，得出 1988、1996、2000 及 2009 年的生态系统服务功能价值（表 6-3 至表 6-6）。

表 6-3　1988 年滩涂生态系统服务功能评价结果　　　　　　　　单位：万元

服务功能	芦苇滩涂价值	互花米草滩涂价值	海三棱藨草滩涂价值	光滩价值	合计价值
原材料提供及渔业生产	6 445.45	0	2 685.49	49 838.63	58 969.57
大气调节	10 047.65	0	9 306.30	0.00	19 353.95
净化水质	9 483.78	0	2 715.33	0.00	12 199.11
土壤保持	12 267.22	0	7 501.75	22 518.45	42 287.42
生物多样性保持	10 946.59	0	13 236.15	68 556.76	92 739.51
文化功能	4 123.53	0	3 334.19	9 629.95	17 087.67
合计	53 314.22	0	38 779.22	150 543.80	242 637.23

表 6-4　1996 年滩涂生态系统服务功能评价结果　　　　　　　　单位：万元

服务功能	芦苇滩涂价值	互花米草滩涂价值	海三棱藨草滩涂价值	光滩价值	合计价值
原材料提供及渔业生产	4 349.15	0	1 666.75	43 699.69	49 715.59
大气调节	6 779.77	0	5 775.95	0.00	12 555.73
净化水质	6 399.30	0	1 685.27	0.00	8 084.57
土壤保持	8 277.46	0	4 655.96	19 744.71	32 678.13
生物多样性保持	7 386.35	0	8 215.01	60 112.19	75 713.55
文化功能	2 782.40	0	2 069.36	8 443.77	13 295.53
合计	35 974.43	0	24 068.30	132 000.36	192 043.09

表 6-5　2000 年滩涂生态系统服务功能评价结果　　　　　　　　单位：万元

服务功能	芦苇滩涂价值	互花米草滩涂价值	海三棱藨草滩涂价值	光滩价值	合计价值
原材料提供及渔业生产	3 218.88	0.00	1 652.28	45 831.13	50 702.29
大气调节	5 017.83	2 456.45	5 725.81	0.00	13 200.10

服务功能	芦苇滩涂价值	互花米草滩涂价值	海三棱藨草滩涂价值	光滩价值	合计价值
净化水质	4 736.23	2 173.55	1 670.64	0.00	8 580.42
土壤保持	6 126.30	3 125.49	4 615.54	20 707.75	34 575.08
生物多样性保持	5 466.77	1 263.77	8 143.70	63 044.15	77 918.39
文化功能	2 059.31	687.24	2 051.40	8 855.61	13 653.56
合计	26 625.32	9 706.51	23 859.36	138 438.65	198 629.84

表 6-6　2009 年滩涂生态系统服务功能评价结果　　　　　　　　　单位：万元

服务功能	芦苇滩涂价值	互花米草滩涂价值	海三棱藨草滩涂价值	光滩价值	合计价值
原材料提供及渔业生产	2 468.96	0.00	1 569.23	28 143.94	32 182.13
大气调节	3 848.80	4 946.48	5 438.02	0.00	14 233.29
净化水质	3 632.80	4 376.80	1 586.67	0.00	9 596.27
土壤保持	4 699.01	6 293.70	4 383.55	12 716.20	28 092.46
生物多样性保持	4 193.14	2 544.82	7 734.38	38 714.09	53 186.42
文化功能	1 579.54	1 383.88	1 948.29	5 438.04	10 349.75
合计	20 422.25	19 545.66	22 660.14	85 012.27	147 640.31

　　1988 年上海滩涂生态系统服务功能价值估算结果为 147 640.31 万元,各类滩涂生态系统的服务价值排序:光滩＞芦苇滩涂＞海三棱藨草[图 6-1(a)]。由于 1988 年互花米草尚未在上海滩涂湿地分布,因此生态系统服务功能价值由以上 3 类滩涂贡献。

　　1996 年上海滩涂生态系统服务功能总价值为 192 043.09 万元,各类滩涂生态系统的服务价值结构仍保持一致,但提供的服务价值均有下降。海三棱藨草滩涂提供的服务价值比例下降 38%,光滩提供的服务价值比例下降 12%,芦苇滩涂提供的服务价值下降 33%,但比例则仍然维持在 20%左右[图 6-1(b)]。虽然互花米草在滩涂有零星分布,但是数量甚微,难以计算其面积,故不估算它的服务价值。

　　2000 年上海滩涂生态系统服务功能总价值为 198 629.84 万元,比 2000 年有较为明显的上升。由于互花米草在滩涂的定植扩散,各类滩涂生态系统的服务价值的结构发生了明显的改变，服务价值排序变为：光滩 ＞ 芦苇滩涂 ＞ 海三棱藨草滩涂 ＞ 互花米草滩涂[图 6-1（c）]。芦苇滩涂的服务功能价值比例都略有下降，海三棱藨草滩涂和光滩生态系统服务功能价值比例基本稳定，互花米草滩涂提供的服务价值比例明显上升。

　　2009 年上海滩涂生态系统服务功能价值估算结果为 147 640.31 万元，比 2000 年有较大幅度的下降。各类滩涂生态系统的服务价值仍保持 2000 年的结构，但各类滩涂生态系统服务功能价值所占总值的比例有明显变化，排序变为：光滩＞海三棱藨草滩涂＞芦苇滩涂＞互花米草滩涂[图 6-1（d）]。光滩生态系统的服务功能价值比例有较大幅度的下降，但 3 类植被滩涂生态系统服务功能价值所占的比例有上升，并且所占比例较为均匀。

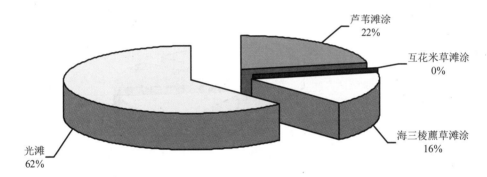

（a）1988 年不同生态系统服务功能价值贡献比例

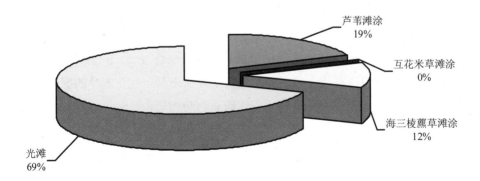

（b）1996 年不同生态系统服务功能价值贡献比例

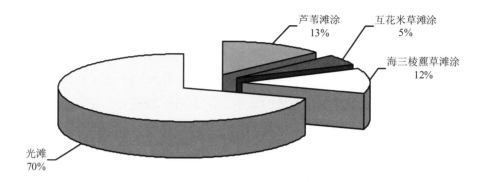

（c）2000 年不同生态系统服务功能价值贡献比例

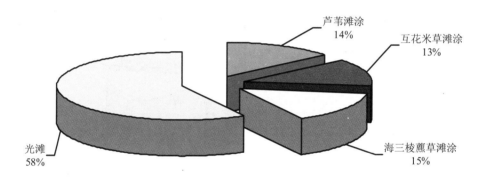

（d）2009 年不同生态系统服务功能价值贡献比例

图 6-1　不同生态系统服务功能价值贡献比例

　　上海滩涂生态系统服务功能的总价值虽然中间有些许波动，但整体上还是呈下降趋势。芦苇滩涂和海三棱藨草滩涂的服务功能价值逐年下降，互花米草的服务功能价值从无到有，并逐年上升。光滩服务价值的变化跟总趋势相近，虽然中间有些许波动，但总体上呈下降趋势。

6.2.1.2　变化分析

　　由于上海城市和社会经济的发展，加速了对周缘滩涂的圈围，同时也因为各类滩涂面积和结构发生改变，致使滩涂的服务价值变化较大。表 6-7 和图 6-2 反映了滩涂生态系统服务功能总价值变化。

表 6-7　1988－2009 年上海滩涂湿地生态系统服务功能总价值变化

滩涂类型		芦苇滩涂	互花米草滩涂	海三棱藨草滩涂	光滩	总 计
生态系统服务功能价值/万元	1988 年	53 314.22	0	38 779.22	150 543.80	242 637.24
	1996 年	35 974.43	0	24 068.30	132 000.36	192 043.09
	2000 年	26 625.32	9 706.51	23 859.36	138 438.65	198 629.84
	2009 年	20 422.25	19 545.66	22 660.14	85 012.27	147 640.32
1988—1996 年	价值变化/万元	−17 339.79		−14 710.92	−18 543.44	−50 594.15
	变化率/%	−32.52		−37.94	−12.32	−20.85
1996—2000 年	价值变化/万元	−9 349.11	9 706.51	−208.94	6 438.29	6 586.75
	变化率/%	−25.99		−0.87	4.88	3.43
2000—2009 年	价值变化/万元	−6 203.07	9 839.15	−1 199.22	−53 426.38	−50 989.52
	变化率/%	−23.30	101.37	−5.03	−38.59	−25.67
1988—2009 年	价值变化/万元	−32 891.97	19 545.66	−16 119.08	−65 531.53	−94 996.92
	变化率/%	−61.69		−41.57	−43.53	−39.15

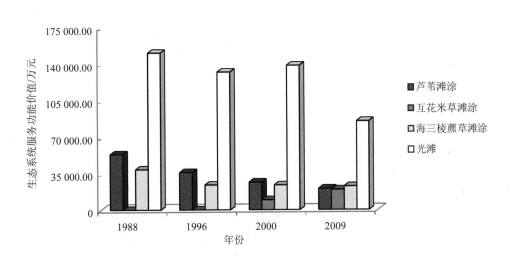

图 6-2　上海滩涂不同生态系统服务功能价值变化趋势

　　由于上海地区各类型滩涂的生态效益较为相近，因此不同类型滩涂的生态效益对整个滩涂服务价值的影响并不明显。光滩占滩涂生态系统中的大部分，所以滩涂生态系统服务功能总价值的变化主要还是随着滩涂面积的变化而变化，并且总体上呈现减少的趋势。近 20 余年，滩涂的服务总价值减少 94 996.92 万元，变化率为 39.15%。其中 1988—1996 年和 2000—2009 年，滩涂的服务总价值随着滩涂面积的减少而减少，分别减少 50 594.15 万元和 50 989.52 万元；而 1996—2000 年，滩涂服务功能价值随着滩涂面积的增加有所上涨，服务价值增加 6 586.75 万元。

　　（1）对上海滩涂生态系统服务价值起主要贡献作用的是光滩，它面积庞大，所以其对服务总价值的贡献比例一直维持在 50% 以上，并且面积的变化对整个滩涂总服务价值的变化产生了直接的影响。近 20 余年，光滩的服务价值随光滩面积的变化，呈波动状态。但总体上还是呈现出减少的趋势，服务价值从 1988 年的 150 543.8 万元减少至 2009 年的 85 012.27 万元，损失的服务价值最多，达 65 531.53 万元，变化率 43.53%。

　　（2）芦苇是本土优势物种，分布在高程较高的滩涂，近 20 年来，受到高滩圈围和互花米草竞争的影响，其面积损失严重，特别是大陆边滩，几乎没有芦苇滩涂分布，大部分芦苇滩涂分布在崇明东滩、崇明西滩和九段沙等区域，这直接导致其服务价值一直呈现下降的趋势，从 1988 年的 53 314.22 万元减少到 2009 年的 20 422.25 万元，价值总变化率为 61.69%。2000 年以前价值量损失较多，以后有所好转。

　　（3）海三棱藨草也是本土优势物种，广泛分布于各大滩涂。20 世纪 90 年代末，由于互花米草在各大滩涂引种，致使大量海三棱藨草滩涂被侵占，面积逐年下降，有些局部区域已找不到海三棱藨草滩涂的分布。海三棱藨草滩涂价值量近 20 余年呈现减少的趋势，服务价值从 1988 年的 38 779.22 万元减少到 2009 年的 22 660.14 万元，总价值损失 16 119.08 万元，总变化率为 41.57%，价值损失主要发生在 1996 年前，而 1996 年后相对稳定。

　　（4）外来入侵物种互花米草由于其良好的适应能力和繁殖能力，在上海地区滩涂迅速定植扩张，面积从无到有，迅速扩大，因此互花米草滩涂产生的服务价值呈不断增加的趋势，20 余年来价值量净增加 19 545.66 万元，对滩涂总价值量的贡献已接近芦苇滩涂和海三棱藨草滩涂。可以预测，互花米草滩涂的服务价值还将不断增加。

　　生态系统服务功能价值与各生态系统的生态效益和面积大小紧密相关，对上海地区滩涂湿地来说，由于各类型滩涂的生态效益较为相近，因此影响整个滩涂服务价值变化的主要原因就是滩涂面积的改变。上海地处长江口，每年下泄大量泥沙在河口堆积，给上海带来了丰富的滩涂资源。然而，随着上海城市建设和社会经济发展，土地资源紧缺这个问题日益显现，为此，上海市政府组织大量人力、物力对滩涂湿地进行圈围。如今高滩圈围殆尽（特别是大陆边滩），逐渐转向中低滩促淤，滩涂面积锐减，直接导致整个滩涂生境的生态系统服务功能下降。圈围基本发生在有植被覆盖的中高潮滩，而植被滩涂的生态资源丰富，生态功能强大，因此，植被滩涂的减少势必会给整个滩涂生态系统带来负面影响，导致上海地区滩涂湿地的生态退化。

6.2.2　各单项评价结果

不同类型滩涂生态系统具有不同的服务功能，且产生各种服务功能的能力也不相同。对上海地区滩涂生态系统来说，由于各类滩涂的土地面积存在一定差异，因此，各类服务功能所提供的价值也有一定差别，不同年份各类服务功能价值和所占总价值比例及变化如表 6-8 和图 6-3 所示。

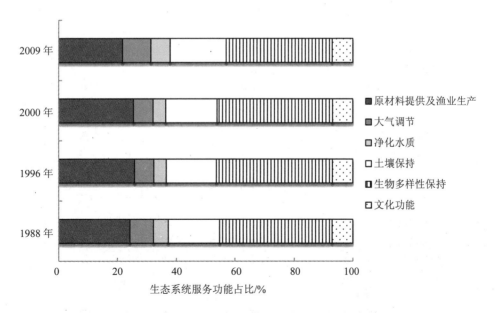

图 6-3　上海滩涂单项生态系统服务功能价值变化趋势

表6-8　1988—2009年各单项生态系统服务功能价值变化

生态系统服务功能	1988年		1996年		2000年		2009年		价值变化/万元		
	价值/万元	所占百分比/%	价值/万元	所占百分比/%	价值/万元	所占百分比/%	价值/万元	所占百分比/%	1988—1996年	1996—2000年	2000—2009年
原材料提供及渔业生产	58 969.57	24.30	49 715.59	25.89	50 702.29	25.53	32 182.13	21.80	−9 253.98	986.70	−18 520.16
大气调节	19 353.95	7.98	12 555.73	6.54	13 200.10	6.65	14 233.29	9.64	−6 798.22	644.37	1 033.19
净化水质	12 199.11	5.03	8 084.57	4.21	8 580.42	4.32	9 596.27	6.50	−4 114.54	495.85	1 015.85
土壤保持	42 287.42	17.43	32 678.13	17.02	34 575.08	17.41	28 092.46	19.03	−9 609.29	1 896.95	−6 482.62
生物多样性保持	92 739.51	38.22	75 713.55	39.43	77 918.39	39.23	53 186.42	36.02	−17 025.96	2 204.84	−24 731.97
文化功能	17 087.67	7.04	13 295.53	6.92	13 653.56	6.87	10 349.75	7.01	−3 792.14	358.03	−3 303.81
合计	242 637.23	100.00	192 043.10	100.00	198 629.84	100.00	147 640.32	100.00	−50 594.13	6 586.74	−50 989.52

从整个上海地区滩涂来看，1988 年和 2009 年，各类服务功能价值的排序是：生物多样性保持＞原材料提供及渔业生产＞土壤保持＞大气调节＞文化功能＞净化水质。而1996 和 2000 年服务价值的排序略有变化：生物多样性保持＞原材料提供及渔业生产＞土壤保持＞文化功能＞大气调节＞净化水质。从价值量来看，各类服务功能价值均有波动，但总体上呈减少的趋势。

从各服务功能价值所占总价值比例来看，生物多样性保持和原材料提供及渔业生产提供的价值占总价值的比重很大，占总价值的 60% 以上，价值比重虽有波动，但总体上呈减少的趋势；其余 4 类服务功能提供所占比重相对很少，价值比重总体上呈增加的趋势。

（1）原材料提供及渔业生产的生态服务价值主要是依据各滩涂的产值进行计算的，由于光滩是主要的滩涂经济水产品养殖场所，所以光滩的单价明显高于其他 3 类植被滩涂。1988—2009 年，上海滩涂生态系统原材料提供及渔业生产的服务功能价值呈减少的趋势，从 1988 年的 58 969.57 万元减少至 2009 年的 32 182.13 万元，所占总价值的百分比虽然有所减少，但在各类服务功能中仍占有比较重要的地位。其中，原材料提供及渔业生产功能价值在 1996—2000 年有所增加，这主要是由于滩涂经济水产品的推广养殖，增加了渔业产品的附加值所致。

（2）大气调节功能是根据不同滩涂生态系统的单价乘以相应面积所得。总体来看，上海滩涂生态系统的大气调节功能价值呈现减少的趋势，2009 年的价值为 14 233.29 万元，较 1988 年减少 5000 余万元。其中，滩涂的大气调节价值在 1998—1996 年大幅度下降，而 1996 年后又有所回升，这主要与互花米草滩涂的迅速扩散有关，因为互花米草滩涂相对光滩具有更强大的大气调节功能。在滩涂面积减小的情况，大气调节的价值随着互花米草滩涂面积的增加而增加，其所占总价值的百分比也有所增加。

（3）净化水质功能价值的计算主要是根据单价与相应面积所得，价值变化主要受到滩涂面积和滩涂对氮、磷、重金属元素富集效果的影响。1988—2009 年，水质净化功能的总价值总体呈减少趋势，2009 年水质净化功能价值为 9 596.27 万元，所占总价值的比重最小。其中，滩涂净化水质的价值在 1998—1996 年大幅度下降，而 1996 年后又有所回升，变化趋势和大气调节相同，这与各类滩涂生态系统相应面积的变化和滩涂对污染元素的富集效果有一定关系。1996 年后，互花米草在上海地区滩涂定植、扩张，同时互花米草滩涂相对海三棱藨草滩涂和光滩拥有更加强大的氮、磷、重金属元素富集功能。

因此,净化水质的价值在滩涂面积减小的情况下仍有所增加,所占总价值的比例也呈相应趋势。

(4)土壤保持功能价值主要与滩涂面积和类型有关。土壤保持功能是上海滩涂生态系统服务功能价值中较为重要的一项服务功能,对上海的社会、经济发展起着非常重要的作用。近 20 余年,价值量的变化为减少—增加—减少的趋势,总体上大幅下降,从 1988 年的 42 287.42 万元下降到 2009 年的 28 092.46 万元,但所占总价值的比例则呈上升趋势。虽然植被促淤保滩的功能较为强大,但是大多分布在海拔较高的区域,因此提供的价值不是很明显。互花米草近 10 余年在上海滩涂快速扩散,虽然它具有很好的促淤功效,但由于它分布区域的限制,以至价值提升不明显,同时滩涂又受到较强的人为干扰,导致滩涂整体土壤保持价值的下降。

(5)上海滩涂的生物多样性保持功能是一个比较重要的服务功能,对东亚—澳洲迁徙候鸟越冬迁徙、栖息和觅食都有着积极作用,在全球鸟类生物多样性的保护上都有着举足轻重的地位。总体而言,上海地区滩涂生物多样性保持功能价值总体上呈减少趋势,从 1988 年的 92 739.51 万元下降到 2009 年的 53 186.46 万元,降幅近 40 000 万元。同时所占总价值的比例也呈下降趋势,但仍是所占比重最大的服务价值。就不同滩涂生态系统来看,单位面积光滩的生物多样性保持功能价值最大,芦苇滩涂和海三棱藨草滩涂次之,而互花米草滩涂最小。近年来,互花米草的入侵和人类工程活动的加剧改变了滩涂的结构组成,从而导致生物多样性保持价值的锐减。

(6)上海地区滩涂湿地地理风貌独特,生物多样性高,是一个集自然生态、生物多样性、湿地生态系统、生态科学研究、生态经济示范于一体的综合性湿地系统工程,是生物、地理、环境等学科研究的重要基地,其独特的生境和生物多样性所蕴含的潜在文化功能价值,引起了国内外许多相关组织和学者的关注,广大群众赴滩涂景区进行休闲娱乐,相关高校和科研机构也对其开展了湿地生态系统部分内容的研究。上海滩涂文化功能价值总体呈下降趋势,近 20 余年损失 7 000 余万元,但所占总价值的比例较为稳定,基本维持在 7%左右。

受滩涂生境的影响,各类滩涂生态系统的生态服务功能存在一定差异。上海地处中国海岸线中段,长江入海口,独特的地理环境带来了丰富的物产资源;同时还是亚太候鸟南北迁徙的重要通道,是涉禽优越的越冬地,生物多样性价值极高。因此上海滩涂的原材料提供及渔业生产和生物多样性保持功能价值较大,总和占到总价值的 60%以上。

而大气调节、净化水质、土壤保持、文化功能总和所占比重较少，不到总价值的 2/5，虽然这些服务价值没有原材料提供及渔业生产和生物多样性保持价值那么庞大，但它并不通过货币经济而直接增加人类的福利，其重要性仍不容忽视，它将在人们根本意识不到价值存在的时候，发挥着极为重要的生态效益。

6.2.3　各区域评价结果

上海地区滩涂湿地主要分布在大陆边滩、长江口岛屿周缘和长江口江心沙洲。各个区域的滩涂植被构成不同，面积分布存在一定差异，同时，人们对各区域滩涂的开发利用方式也明显不同，因此，各区域滩涂的生态系统服务功能价值存在较大的差异。滩涂各区域生态系统服务功能价值变化如表 6-9 和图 6-4 所示。

从表 6-10 和图 6-4 可以看出，3 大区域提供的服务价值存在变化，1996 年前的排序为：岛屿及其周缘滩涂＞大陆边滩＞江心沙洲；1996 年后变为：岛屿及其周缘滩涂＞江心沙洲＞大陆边滩。南汇边滩，崇明东滩及九段沙的服务价值最高，青草沙及临近沙洲，崇明北滩也具有较高的服务价值，而宝山边滩，浦东边滩和崇明南部边滩的服务价值很低。从价值量来看，除九段沙、崇明西滩、东风西沙临近沙洲、青草沙及临近沙洲外，其余滩涂湿地生态系统服务功能均呈现出减少的趋势（青草沙、中央沙的原水工程不在本次评价范围以内，因此 2009 年滩涂面积大大缩小，生态系统服务功能价值也大幅减少）。

（1）大陆边滩

大陆边滩北至宝山浏河口，南至金山金丝娘桥。该区域滩涂是上海经济、社会发展的主要后备土地资源，上海市政府组织了大量人力、物力，对大陆边滩进行圈围。由于受较大的人为干扰，致使大陆边滩的滩涂植被结构发生改变，滩涂资源严重退化，直接导致该区域生态服务价值的锐减。大陆边滩的服务价值从 1988 年的 68 756.39 万元下降到 2009 年的 14 389.80 万元。

表 6-9　1988—2009 年滩涂各区域生态系统服务功能价值变化

单位：万元

区域		大陆边滩					长江口岛屿及其周缘								江心岛沙洲	
		宝山滩涂价值	浦东边滩价值	南汇边滩价值	杭州湾北岸边滩价值	合计价值	青草沙及临近沙洲价值	横沙东滩价值	崇明东滩价值	崇明北滩价值	东风西沙及临近沙洲价值	崇明西滩价值	崇明南部边滩价值	合计价值	九段沙价值	总计价值
1988年	海三棱藨草滩涂	0.00	393.55	2 397.06	1 876.88	4 667.49	4 643.35	1 187.46	19 912.49	5 335.89	0.00	50.43	1 111.08	32 240.70	1 871.04	38 779.22
	芦苇滩涂	823.25	434.97	5 496.22	2 704.42	9 458.85	1 634.20	1 337.07	16 869.69	19 327.44	2 960.54	398.82	1 327.61	43 855.37	0.00	53 314.22
	互花米草滩涂	0.00	0.00	0.00	0.00	0.00	0.00	0.00	0.00	0.00	0.00	0.00	0.00	0.00	0.00	0.00
	光滩	4 137.18	5 491.62	24 069.01	20 932.24	54 630.05	14 624.33	5 205.50	35 639.68	8 020.07	6 280.92	876.53	1 757.33	72 404.36	23 509.39	150 543.80
	合计	4 960.43	6 320.13	31 962.29	25 513.54	68 756.39	20 901.88	7 730.03	72 421.86	32 683.40	9 241.47	1 325.78	4 196.01	148 500.42	25 380.43	242 637.24
1996年	海三棱藨草滩涂	0.00	209.68	4 333.22	131.58	4 674.48	4 264.16	492.82	7 363.69	2 032.98	0.00	45.45	116.96	14 316.06	5 077.76	24 068.30
	芦苇滩涂	1 332.20	421.20	2 300.46	357.59	4 411.45	4 245.61	691.55	7 719.70	12 159.32	3 071.98	1 416.62	1 510.77	30 815.54	747.43	35 974.43
	互花米草滩涂	0.00	0.00	0.00	0.00	0.00	0.00	0.00	0.00	0.00	0.00	0.00	0.00	0.00	0.00	0.00
	光滩	383.78	4 105.35	28 595.45	10 625.87	43 710.45	14 589.24	4 448.62	32 109.18	2 922.10	1 717.99	892.34	869.84	57 549.32	30 740.59	132 000.36
	合计	1 715.98	4 736.22	35 229.13	11 115.04	52 796.38	23 099.01	5 632.99	47 192.57	17 114.41	4 789.97	2 354.41	2 497.57	102 680.93	36 565.79	192 043.09

| | 大陆边滩 | | | | | 长江口岛屿及其周缘 | | | | | | | | 江心沙洲 | |
	宝山边滩价值	浦东边滩价值	南汇边滩价值	杭州湾北岸边滩价值	合计价值	青草沙及临近沙洲价值	横沙东滩价值	崇明东滩价值	崇明北滩价值	东风西沙及临近沙洲价值	崇明西滩价值	崇明南部边滩价值	合计价值	九段沙价值	总计价值
2000年															
海三棱藨草滩涂	0.00	123.05	3 481.32	0.00	3 604.37	4 216.74	965.99	7 073.42	626.69	0.00	35.88	255.50	13 174.22	7 080.78	23 859.36
芦苇滩涂	62.71	0.00	0.00	0.00	62.71	10 252.84	1 390.49	3 260.84	5 121.20	2 208.43	924.37	1 195.10	24 353.27	2 209.34	26 625.32
互花米草滩涂	0.00	120.21	2 222.43	525.56	2 868.20	0.00	0.00	1 851.43	4 742.53	0.00	0.00	0.00	6 593.96	244.35	9 706.51
光滩	1 408.27	516.75	10 236.77	13 237.43	25 399.23	13 790.19	3 582.46	34 139.35	15 264.33	5 966.54	6 132.24	1 213.11	80 088.22	32 951.20	138 438.65
合计	1 470.98	760.01	15 940.52	13 762.99	31 934.50	28 259.77	5 938.94	46 325.05	25 754.74	8 174.97	7 092.50	2 663.71	124 209.67	42 485.67	198 629.84
2009年															
海三棱藨草滩涂	0.00	0.00	0.00	0.00	0.00	2.86	2.32	5 490.98	2 688.65	0.00	27.26	359.85	8 571.93	14 088.21	22 660.14
芦苇滩涂	69.07	0.00	0.00	0.00	69.07	473.03	494.39	1 741.73	327.62	319.54	9 962.48	825.20	14 143.99	6 209.19	20 422.25
互花米草滩涂	0.00	2.07	113.41	10.02	125.50	0.00	0.00	8 564.52	2 766.23	0.00	0.00	0.00	11 330.75	8 089.41	19 545.66
光滩	1 193.47	0.00	9 295.33	3 706.43	14 195.24	6 416.19	4 076.71	22 098.67	11 122.16	15 775.35	5 581.95	683.27	65 754.29	5 062.74	85 012.27
合计	1 262.54	2.07	9 408.75	3 716.45	14 389.80	6 892.09	4 573.41	37 895.90	16 904.67	16 094.89	15 571.69	1 868.32	99 800.96	33 449.55	147 640.32

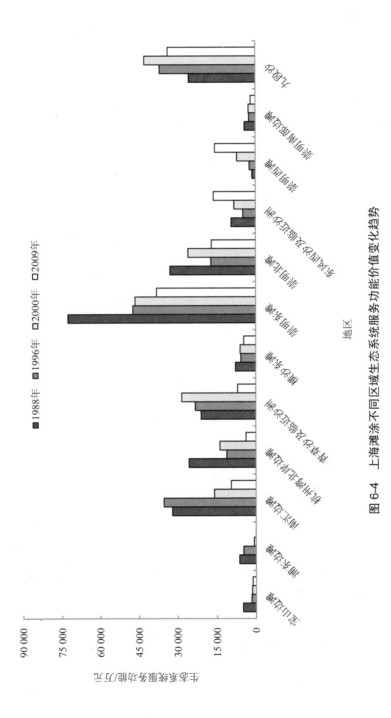

图 6-4 上海滩涂不同区域生态系统服务功能价值变化趋势

　　海三棱藨草滩涂和芦苇滩涂早些年是大陆边滩的主要植被滩涂，然而，近些年随着互花米草在南汇东滩和杭州湾北岸的定植扩散及圈围的加速，它们的结构遭到破坏，面积损失严重，因此生态系统服务价值也随之减少。至 2009 年，海三棱藨草滩涂和芦苇滩涂提供的服务价值也锐减至不到 100 万元。互花米草繁殖能力强，促淤效果好，于 20 世纪 90 年代末大量种植于南汇东滩，杭州湾北岸也有大量分布。虽然互花米草滩涂的促淤造陆效果不错，但是它的生物多样性不高，同时也影响了其他植被的生态功能，2000 年，互花米草滩涂提供的服务价值为 2 868.2 万元。其后几年，浦东机场扩建，临港新城建设加速，致使大片互花米草滩涂被圈围；杭州湾北岸也因滩涂侵蚀和圈围，使互花米草滩涂面积不断减少。2009 年，互花米草滩涂仅少量分布圈围大堤外侧，其提供的服务价值也缩减至 125.5 万元。光滩提供的服务价值一直是最高的，近 20 余年价值量也呈减少趋势，2009 年，贡献价值减少至 14 195.24 万元，由于其他植被滩涂损失殆尽，因此，此时大陆边滩提供的生态系统服务价值几乎全由光滩提供。

　　从大陆边滩各片区来看，南汇边滩是生态系统服务价值主要提供者，杭州湾北岸边滩次之，宝山边滩和浦东边滩最少。南汇边滩的价值贡献从 1988 年的 31 962.29 万元缩减至 2009 年的 9 408.75 万元；杭州湾北岸边滩价值损失更为严重，从 1988 年的 25 513.54 万元锐减至 2009 年的 3 716.45 万元，这两个区域服务价值的变化直接影响着整个大陆边滩的生态服务价值。如今浦东边滩提供的价值几乎为零，宝山边滩、南汇边滩和杭州湾北岸边滩的价值贡献也随着滩涂圈围工程的进行不断减少。

　　（2）长江口岛屿及其周缘滩涂

　　岛屿及其周缘滩涂主要包括崇明岛、长兴岛、横沙岛周缘的滩涂湿地。该区域滩涂资源丰富，特别是植被滩涂面积庞大，同时较受保护重视，因此，岛屿及其周缘滩涂的生物多样性高，提供的生态系统服务功能价值较大。1988 年，岛屿及其周缘滩涂的服务价值为 148 500.42 万元。而后随着社会经济发展的需要，岛屿被大面积圈围，特别是崇明东滩和北沿地区，以至滩涂资源大量损失，贡献的生态服务价值也下降至 102 680.93 万元。1996 年后，人们提升了对长江口岛屿生态环境的保护意识，合理规划和利用滩涂资源，特别是崇明东滩和长江口中华鲟保护区相继创建，使得滩涂资源有所恢复，到 2000 年，提供的价值量增长到 124 209.67 万元。2000 年后，随着圈围的再次加剧，滩涂大面积锐减，服务价值也下降到 99 800.96 万元。

　　岛屿及其周缘分布着大量的植被滩涂，芦苇和海三棱藨草是本土物种，常年分布在该区域，芦苇滩涂和海三棱藨草滩涂生物多样性丰富，生态功能强大，为滩涂贡献了巨大的服务价值。该区域芦苇滩涂提供的服务价值略高于海三棱藨草提供的价值，由于受滩涂圈围和互花米草入侵的影响，滩涂植被结果遭到破坏，滩涂面积锐减，芦苇和海三棱藨草滩涂提供的服务价值也逐年递减，分别从 1988 年的 43 855.37 万元和 32 240.7 万元下降至 2009 年的 14 143.99 万元和 8 571.93 万元。互花米草于 20 世纪 90 年代末大面积引种到崇明东滩等地，并且迅速扩散至崇明东滩、北沿等区域，滩涂面积不断增大，提供的生态系统服务价值也相应增加，至 2009 年，价值贡献达到 11 330.75 万元，高于海三棱藨草滩涂。光滩也提供了巨大的生态系统服务价值，但是它的优势不像大陆边滩那么大，而且价值贡献在近 20 余年递增，2009 年为 65 754.29 万元，也大于植被滩涂价值贡献之和。

崇明岛是该区域服务价值主要提供者，而崇明东滩又是崇明岛生态系统服务价值的主要贡献力量。崇明东滩近 20 余年遭到了大规模的圈围，虽然保护部门采取了相关的保护措施，该处滩涂也迅速淤涨，但滩涂服务价值仍持续下降，从 1988 年的 72 421.86 万元减少到 2009 年的 37 895.9 万元。崇明北滩提供的价值次之，价值贡献虽然中间有些波动，但总体上还是小幅减少。崇明西滩、东风西沙及其附近滩涂提供的价值较少，但由于滩涂发育快速，圈围较少，保护较好，因此该区域的价值贡献呈现增长的趋势。崇明南部边滩由于城镇化建设，大部分边滩被圈围，其提供的服务价值也随着滩涂面积下降呈减少的趋势。

（3）长江口江心沙洲

江心沙洲主要包括长江口的九段沙、江亚南沙及一些浅滩沙洲，其中九段沙形状日趋稳定，植被覆盖良好，被誉为上海最后一方净土。近 20 余年，江心沙洲提供的生态系统服务价值逐年增加，从 1988 年的 25 380.43 万元上升到 2009 年的 33 449.55 万元，随着滩涂的发育，这个趋势仍将保持下去。

江心沙洲植被滩涂较少，主要分布在九段沙上，其余几乎为光滩。海三棱藨草滩涂是九段沙分布较早的滩涂，并且面积随着滩涂的淤涨发育不断变大，因此，提供的服务价值也逐年增加，2009 年，海三棱藨草价值贡献为 14 088.21 万元，是 1988 年的 7.5 倍。芦苇与互花米草在 20 世纪 90 年代末引种在九段沙上，由于生态环境良好，人为干扰较少，因此两植被滩涂的面积随着沙体的发育不断增加，2009 年，芦苇滩涂提供的服务价值为 6 209.19 万元，互花米草滩涂提供的服务价值为 8 089.41 万元。光滩提供的服务价值在 2000 年前是逐年递增，而后不断减少，至 2009 年，光滩价值贡献为 5 062.74 万元，主要原因是九段沙的面积日趋稳定，同时滩涂植被不断扩张，导致光滩面积有所减少。

综合分析，各区域滩涂生态系统服务价值变化差异明显，大路边滩的服务价值损失严重，贡献比重不断减少；岛屿及其周缘滩涂的服务价值虽然减少，但数值依旧巨大，对滩涂服务价值的贡献起主导作用；江心沙洲的服务价值也不断增加，贡献比重逐渐增大。互花米草入侵，近年来滩涂发育速度减缓及人类工程的干扰是导致生态系统服务功能有所降低的主要原因。

6.2.4 滩涂动态变化对生态系统服务功能的影响

生态系统服务与滩涂类型变化实质上是相互制约的一对矛盾统一体，生态系统服务是人类生存和发展的物质基础和基本条件，是人类所拥有的关键自然资本，不同滩涂类型利用过程对维持生态系统服务功能起着决定性的作用。滩涂类型的变化不仅改变了生态系统的结构，还改变了生态系统服务的功能。滩涂结构的变化引起各种滩涂种类、面积和空间位置的变化，即导致了各类生态系统类型、面积及空间分布的变化，不同的生态系统有着不同的生态服务功能，生态系统类型、面积及空间分布的变化直接影响生态系统所提供服务的大小和种类。同时滩涂的变化还改变了自然景观面貌并影响景观中的物质循环和能量分配，它对区域气候、土壤、水量和水质的影响是极其深刻的。这些影响也会从生态系统服务功能价值的变动中表现出来。对于上海地区滩涂湿地来说，主要是各类滩涂面积的变化导致滩涂生态系统服务功能价值的变化，如对滩涂的圈围直接导致滩涂面积的下降，从而影响滩涂的服务功能，又如人工促淤的开展，加速了滩涂的淤涨，也同时增加了滩涂的生态系统服务功能价值。滩涂结构的改变也在一定程度上影响了滩涂生态服务功能，如互花米草的入侵，改变了各植被滩涂的分布格局。

由此可见，滩涂动态变化影响着生态系统服务功能价值。滩涂变化是生态系统服务价值变化的成因，而生态系统服务价值的变化又可以反过来指导滩涂变化，造成滩涂利用新结构的形成，使各区域滩涂生态系统协调、可持续发展，为上海的和谐发展提供生态支持。

6.3　小结

　　服务是功能导致的对人类有益的结果,上海地区滩涂资源丰富,为人类带来了巨大的服务价值。根据本研究,上海地区滩涂湿地生态系统主要服务功能包括原材料提供及渔业生产、水质净化、大气调节、土壤保持、生物多样性保持、文化功能 6 个方面。

　　上海地区滩涂生态系统服务价值近 20 余年总体上处于减少的趋势。除了互花米草滩涂外,其他各类型滩涂生态系统服务功能价值均呈现出明显的下降趋势,这是由于除互花米草外的其余各类型滩涂面积也均呈下降趋势。从各类滩涂生态系统服务功能价值看,光滩生态系统的服务功能价值最高,其次为芦苇滩涂生态系统以及海三棱藨草滩涂生态系统的服务功能价值,而互花米草滩涂从无到有快速飙升。从区域来看,除九段沙、崇明西滩、东风西沙临近沙洲、青草沙及临近沙洲外,其余滩涂湿地滩涂湿地生态系统服务功能均呈现出减少的趋势。通过分析可以看出,滩涂生态系统服务价值与滩涂面积和滩涂类型的变化密切相关,其中,滩涂湿地面积的变化对总价值的影响较为明显。

第 7 章

上海滩涂湿地生态系统健康评价及
生态敏感性分析

7.1 研究方法

7.1.1 生态系统健康评价方法

7.1.1.1 "压力-状态-响应"(PSR) 框架模型

目前国内外常用的生态评价模型有由加拿大学者 Tony Friend 和 David Rapport 于 1979 年提出的"压力-状态-响应"(Pressure-State-Response，PSR) 模型，主要用于分析环境压力、环境状态和环境响应之间的相互作用；联合国可持续发展委员会于 1996 年提出的"驱动力-状态-响应"(Driving-Force-State-Response，DFSR) 模型，用来反映社会、经济和制度领域的驱动力指标，并解释了对可持续发展的积极和消极影响；Corvdan 等 1996 年提出的"驱动力-压力-状态-暴露-影响-响应"(Driving-Force-Press-State-Exposure-Effect-Actiton，DPSEEA) 模型，该模型对生态环境有了更细致深入全面的分析和认识；欧洲环境署 1998 年提出的"驱动力-压力-状态-响应"(Driving force-Pressure-State-Response) 模型，将环境状态和变化区分，更准确地描述了系统的复杂性和相互之间的因果关系。这些模型从不同程度上考虑了人类活动给生态系统带来的胁迫，生态系统受到胁迫后的状态，以及人类采取的响应措施[193,194]。

综合考虑这些模型，本研究选用"压力-状态-响应"(PSR) 框架模型对上海滩涂湿地生态系统健康进行评价，PSR 模型由互为因果关系的压力、状态和响应 3 部分组成，即由于人类活动对生态系统产生压力（压力）；因压力生态系统原有的质和量发生改变（状态）；人类又采取一定管理措施来应对这些改变（响应）。它的优点表现为：①系统性与完整性，该模型涉及社会经济与环境、生态系统，是基于环境与人类系统的相互作用与相互影响而对指标系统进行综合的分类；②灵活性，该模型具有易调整性，不同的研究对象可以选用不同的指标，有利于实现动态评价；③逻辑因果关系明晰，PSR 模型能够很好地体现研究人员的最终目标，其因果关系在加深人们对生态系统认识与管理上具有重要作用；④简明性，相对于其他模型，PSR 框架模型简明精确，在评价指标与评价目标保持一致的前提下，合理、正确的选择简单明了、便于操作的指标[195-198]。

7.1.1.2   评价指标构建

（1）评价指标筛选原则

指标是生态系统健康评价的根本条件和度量标准，湿地生态系统是由多个成分结合而成的统一整体，所选取的指标不仅应考虑其社会-经济-自然复合生态系统的状态，还应反映湿地内部各子系统及各相关因子之间对湿地整体状态的影响。指标的选取是一个难点，为了避免重复性和干扰性，指标并不是选取得越多越好。因此，在建立上海滩涂湿地生态系统健康评价指标体系时应遵循以下原则。

①层次性，指标应根据不同的评价需要和不同的指标功能划分出不同级别、不同层次，并有明确的对应关系，以利于生态系统内部结构与功能的评价。

②相对独立性，指标的选取应以公认的科学理论为依据，避免指标间的重叠和简单罗列。

③简明性和可操作性，所选指标其原始数据应容易通过调查、统计、遥感等手段获得，易于定量计算，指示意义明确，符合行业规范，便于环境管理。

④科学性，指标确定应建立在科学的基础上，其概念应明确且对生态系统变化较敏感，并具有一定的科学内涵，能够度量和反映生态系统结构和功能的现状以及发展趋势。

⑤全面性，所选指标必须从物理、化学、生物和社会经济等方面综合考虑，能够全面体现湿地生态系统健康状态的本质特征，并且各指标之间具有不可替代性。

（2）评价指标确定

结合 PSR 框架模型，按递阶层次结构确定评价指标。主要分：①目标层，滩涂湿地生态系统健康状况。②项目层,主要包括压力、状态和响应。③指标层,其中,压力和响应指标相对较单一,故直接确定其指标层,分别为压力指标主要包括围垦强度、渔业生产、货物运输量及土著植物面积比例;响应指标主要包括湿地管理水平、湿地保护意识、相关政策法规及其执行力度及用于湿地保护的财政支出。由于状态指标直接反映了滩涂湿地生态系健康与否,它所涵盖的指标因子很多,这里主要将状态指标分为环境质量指标、生态质量指标和服务功能指标,而这 3 类指标又可细分为很多因子,这些因子都在不同程度上反映了生态系统健康的某些信息,但它们之间又有一定的相关性,所以反映的信息在一定程度上有重叠。因此,为了避免这种复杂性和重叠性,本研究在定量分析的过程中,旨在尽可能减少所涉及的指标,但得到较为全面的信息量。所以在确定状态层指标时,首先对全部指标进行初筛,将对变化不敏感且对生态系统健康指示意义模糊的指标删除,如 pH、盐度等指标;其次对余下的指标进行主成分分析,通过最大方差正交旋转法(Varimax),经因子载荷矩阵旋转后旋转载荷值大于 0.6 的指标作为下一步待筛选指标;然后利用相关性分析提取具有代表性且相对独立的指标;最后结合专家判断,确定状态层指标分为环境质量、生态质量和服务功能指标,其中,环境质量主要包括沉积物重金属、沉积物有机质、沉积物石油类及水质综合标识指数(高锰酸盐指数、化学需氧量、5 日生化需氧量、溶解氧、氨氮、总氮、总磷、石油类),生态质量指标主要包括底栖动物多样性指数、浮游动物多样性指数、浮游植物多样性指数、鸟类数量,服务功能指标包括供给功能、调节功能、文化功能和支持功能(表 7-1)。

表 7-1　上海市滩涂湿地生态系统健康评价指标体系

项目层	指标层		数据来源
压力 (Press)	围垦强度;经济活动(渔业生产、水运货物运输量);土著植物面积比例		统计数据
状态 (State)	生态指标	底栖动物、浮游动物、浮游植物多度及多样性指数、鸟类数量	文献调研、统计数据、遥感数据、现场监测等
	环境指标	沉积物重金属、有机质、石油类、综合水质标识指数	
	功能指标	供给功能、调节功能、文化功能和支持功能	
响应 (Response)	湿地管理水平;湿地保护意识;相关政策法规及其执行力度;用于湿地保护的财政支出		统计数据

（3）评价指标简要说明

对各评价指标进行简要说明，见表7-2。

表7-2　评价指标简要说明

评价指标	简要说明
围垦强度	以2000年和2011年的遥感解译数据为基础，分别计算出上海各滩涂湿地土地围垦强度，单位为hm²/a
渔业生产	以2011年上海市及各区统计年鉴为依据，分别计算出各滩涂湿地所在地区渔业生产总值，单位为万元/（hm²·a）
水运货物运输量	以2011年上海市及各区统计年鉴为依据，分别计算出各滩涂湿地所在地区水运货物运输量，单位为万t/a
土著植物面积比例	以2011年遥感解译数据为基础，分别计算出上海各滩涂湿地生态系统土著植物面积比例，其中滩涂植被以芦苇、莎草科为土著种，而互花米草为外来种
多度	以2010年浮游动植物调查数据和2011年年底栖动物调查数据为基础，分别计算出单位体积内浮游动植物及底栖动物数量
多样性指数	以2010年浮游动植物调查数据和2011年年底栖动物调查数据为基础，用香农-威纳指数计算出其多样性指数，以此反映研究区域生态环境健康程度
鸟类数量	以2011年滩涂鸟类调查数据为依据，统计出各个滩涂湿地水鸟数量
沉积物重金属	以2011年滩涂生态环境调查数据为基础，用内梅罗污染综合指数表征出上海各滩涂湿地沉积物重金属污染程度
沉积物石油类	以2011年滩涂生态环境调查数据为依据，单位为mg/kg，反映了滩涂湿地受石油类物质污染状况
综合水质标识指数	以2010年滩涂湿地水质调查数据为基础，采用综合水质标识指数对水质状况进行综合描述，反映滩涂水体受污染程度
供给功能	参考2010年上海滩涂湿地生态服务功能评价研究，湿地提供的产品主要包括人类生活及生产用水、内陆航运、水产品生产、基因资源等
调节功能	参考2011年上海滩涂湿地生态服务功能评价研究，调节功能主要包括大气调节、水质净化、土壤保持等

评价指标	简要说明
文化功能	参考 2011 年上海滩涂上湿地生态服务功能评价研究，文化功能以教育价值、文化遗产价值和生态旅游娱乐价值等为主
支持功能	参考 2011 年上海滩涂上湿地生态服务功能评价研究，支持功能主要指生态系统生物多样性保护、有机物质的生产等
湿地管理水平	以 2011 年上海市及各区统计年鉴为依据，同时结合相关统计资料及文献，用专业管理人员的数量也表征其管理水平
湿地保护意识	以具有湿地保护意识的人员占有总调查人员的比例来表征（问卷调查）
相关政策法规及其执行力度	以国家级、市级自然保护区，国际、国家重要湿地，水源保护区等划分等级来表征法律法规及其执行力度
用于湿地保护的财政支出	通过表征生态环境治理力度来反映环境得以保护和改善的趋势，以环保投入占/GDP 比重（%）来表示

7.1.1.3　熵权综合评价模型建立

（1）评价指标的无量纲化处理

上海滩涂湿地生态系统健康评价是一项复杂多指标综合评价方法，不同评价指标具有不同的量纲，其优劣往往是一个模糊笼统的概念，若直接对它们的实际数值进行比较，则会带来很大误差，对评价结果产生较大影响。因此，有必要对各项评价指标进行无量纲化处理。

无量纲化是通过简单的数学变换而消除量纲的影响，指标的无量纲化包括线性和非线性两种方法[199]，其中线性方法包括均值化和极差化方法等，非线性方法包括偏差法和比重法。在应用时，应根据实际情况选择合适的方法。对上海滩涂湿地生态系统健康进行评价时，不仅仅是为了排序，而且还需要对评价对象间的差距进行深入分析，因此，本书建议采用线性方法对评价指标进行无量纲化处理。在多指标综合评价中，有些是指标值越大越好的指标，称为正向指标（也称为效益型指标），如多样性指数、净初级生产力等；有些是指标值越小越好的指标，称为逆向指标（也称成本型指标），如围垦强度等一些压力指标；还有些是指标值越接近某个值越好的指标，称为适度指标，如

pH 等。

本研究中，正向指标的无量纲化公式见式（7-1）。

$$r_{ij} = \frac{x_{ij} - \min(x_{ij})}{\max(x_{ij}) - \min(x_{ij})} \tag{7-1}$$

逆向指标的无量纲化公式见式（7-2）。

$$r_{ij} = \frac{\max(x_{ij}) - x_{ij}}{\max(x_{ij}) - \min(x_{ij})} \tag{7-2}$$

指标无量纲化处理过程主要通过 SPSS19.0 软件运行实现。

（2）评价指标权重确定

构建评价指标体系对上海滩涂湿地生态系统健康进行评价时，各个评价指标在评价过程中的相对重要程度是不同的，科学合理地确定评价指标的权重对评价结果的准确性至关重要。目前，权重的确定方法通常可分为主观赋权法、客观赋权法和主客观综合赋权法 3 大类[200]。主观赋权法是由决策分析者根据各指标的主观重视程度而赋权的一类方法，容易受主观意识的影响而带来判断偏差，较难用准确数值表示指标的重要程度，主要包括专家打分法、Delphi 等。客观赋权法主要根据原始数据之间的相互关系确定评价指标的相对重要性，其判断结果不依赖于人的主观判读，有较强的数学理论依据，如主成分分析法、熵权法等。主观赋权法不能反映统计数据间的相互关系，而客观赋权法尽可能消除各因素权重的主观性，使评价结果更符合实际。主客观赋权法是将主观赋权法和客观赋权法相结合，对评价指标进行综合赋权的方法，有效地克服了主观和客观单一赋权法的弊端。

本研究采用主客观组合赋权法，将熵权法和专家打分法结合起来确定各评价指标的权重。熵[201]最早由德国物理学家 Rudolf Clausius 于 1850 年提出，并应用在热力学中，指热能除以温度所得到的熵，标志热量转化为功的程度。后来，Claude Elwood Shannon 第一次将熵的概念引入到信息论中来，用来度量事物出现的不确定性。信息熵是信息无序度的度量，在使用过程中，熵权法根据各指标的变异程度，利用信息熵计算出各指标的熵权，再通过熵权对各指标的权重进行修正，从而得出较为客观的指标权重，尽量消除各因素权重的主观性，使评价结果更符合实际。但由于熵权法在很大程度上只反映了各指标数据之间的信息，并未很好地结合评价对象的实际情况，因此，在熵权法获得各指标权重后，再结合专家打分法，综合确定权重，更好地与实际情况相结合。

本书采用主客观组合法来确定各评价指标的权重，其基本步骤如下[202]：

①构建 m 个样本 n 个评价指标的原始数据矩阵 $R=(r_{ij})_{m×n}$：

$$R=\begin{bmatrix} r_{11} & \cdots & r_{1n} \\ \vdots & \ddots & \vdots \\ r_{m1} & \cdots & r_{mn} \end{bmatrix}$$

式中：r_{ij}——第 i 个样本中第 j 个指标的无量纲化值。

②计算第 j 项指标的熵值 e_j：

$$e_j = -k\sum_{i=1}^{m} p_{ij} \cdot \ln p_{ij} \tag{7-3}$$

式中：$k = 1/\ln m$，经修正[203]，定义 $p_{ij} = \dfrac{1+r_{ij}}{\sum\limits_{i=1}^{m}(1+r_{ij})}$

③计算第 j 项指标的熵权 α_j：

$$\alpha_j = (1-e_j)\Bigg/\sum_{j=1}^{n}(1-e_j) \tag{7-4}$$

④专家打分法确定各评价指标权重 β_j：通过匿名方式征询有关专家的意见，对专家意见进行统计、处理、分析和归纳，客观地综合多数专家经验与主观判断，从而确定指标权重。

⑤确定指标的综合权重 ω_j：根据熵权法计算的指标熵权 α_j，结合专家打分法得出的指标权重 β_j，就可以得到指标的综合权重值 ω_j：

$$\omega_j = \frac{\alpha_j \beta_j}{\sum\limits_{j=1}^{n} \alpha_j \beta_j} \tag{7-5}$$

由此得到权重集$\omega = \{\omega_1,\ \omega_2,\ \cdots,\ \omega_n\}$。

（3）评价模型建立

通过评价指标无量纲化和权重的确定，建立线性加权综合评价模型，得出上海市各滩涂湿地生态系统的综合健康指数I_{CH}，其计算模型为：

$$I_{CH} = \sum_{i=1}^{n} I_i w_i \qquad (7\text{-}6)$$

式中：I_{CH}——评价对象的综合健康指数；

　　　I_i——第i个指标的无量纲化值；

　　　w_i——第i个指标的权重系数。

7.1.2　生态敏感性分析方法

生态敏感性指生态系统对人类活动干扰和自然环境变化的反映程度，表征发生区域生态环境问题的难易程度和概率大小[204]。在自然状态下，各种生态过程维持着一种相对稳定的耦合关系，保证着生态系统的相对稳定，而当外界干扰超过一定限度时，这种耦合关系将被打破，某些生态过程会趁机膨胀，导致严重的生态问题。事实上，生态敏感性就是生态系统对由于内在和外在因素综合作用引起的环境变化响应的强弱程度[205,206]。敏感性高的区域，生态系统容易受损，应该是生态环境保护和恢复建设的重点，也是人为活动受限或禁止的地区。本研究选择保护物种、水鸟数量、生态系统服务价值、保护方法 4 个指标，分别代表了滩涂湿地的保护价值、国际影响、经济价值和保护力度。根据表 7-3，对各滩涂的各指标分别进行分级评分后相加，得出该滩涂湿地的生态敏感性综合评分：

①高度生态敏感区，综合评分≥10 分。高度生态敏感区生境特殊，具有丰富的生物资源，物种多样性高，存在受国家一级保护物种或国际关注的珍稀物种，并且已被确定为自然保护区或已达到"国际重要湿地"标准。

②较高生态敏感区，综合评分 6～9 分。较高生态敏感区生境良好，具有丰富的生物资源和较高的物种多样性，存在具有重要经济价值的物种。

③一般生态敏感区，综合评分≤5 分。一般生态敏感区生物资源相对较少，物种丰度与多度均较低，而且很多边滩已被较充分地圈围开发利用。

表 7-3　上海滩涂湿地的生态敏感度评价分级评分标准

指标＼评分	3	2	1
保护物种	频繁发现国家一级或二级保护物种	偶尔发现国家一级或二级保护物种	很少发现国家一级或二级保护物种
水鸟数量	达到"国际重要湿地"标准	较多，但尚未达到"国际重要湿地"标准	较少
生态系统服务价值	多年平均生态系统服务功能价值＞2 亿元	多年平均生态系统服务功能价值 1 亿～2 亿元	多年平均生态系统服务功能价值＜1 亿元
保护方法	建有国家级自然保护区	建有风景区及水源地	无专门的保护单位

注："国际重要湿地"必须符合以下两项标准的其中一项：①单次容纳 2 万只以上的水鸟；②鸟类数量达到或超过东亚地区水鸟估计种群数量的 1%。

7.2　滩涂湿地生态系统健康评价结果

7.2.1　评价指标无量纲化处理结果

根据 7.1.1.3 所述的无量纲化方法，将所有指标数据进行无量纲化处理，经过处理后的指标数值均处于[0，1]，无量纲化后数据如表 7-4、表 7-5、表 7-6 所示。

表 7-4　压力层指标结果

样地	围垦强度	渔业生产	货物运输量	土著植物面积比例
杭州湾北沿北边滩	0.79	0.00	0.78	0.38
南汇边滩	0.00	0.99	0.49	0.00
浦东边滩	0.05	0.98	0.33	0.97
宝山边滩	0.93	0.93	0.30	0.97
长兴岛周缘边滩	0.95	0.99	0.00	1.00
横沙岛周缘边滩	0.69	1.00	0.10	1.00
崇明东滩	0.87	0.97	1.00	0.40
崇明北滩	0.62	0.97	0.95	0.47
崇明西滩	0.94	0.98	0.75	1.00
崇明南滩	0.99	0.74	0.70	1.00
九段沙湿地	1.00	0.73	0.30	0.67

表 7-5　状态层指标无量纲化结果

样地	土壤内梅罗综合污染指数	土壤有机质	土壤石油类	综合水质标识指数	底栖动物密度	底栖动物多样性指数	浮游植物密度	浮游植物多样性指数	浮游动物密度	浮游动物多样性指数	鸟类数量	供给功能	调节功能	支持功能	文化功能
杭州湾北沿边滩	0.08	0.61	0.98	0.57	0.25	0.54	1.00	0.83	1.00	0.14	0.28	0.13	0.02	0.09	0.05
南汇边滩	0.74	0.82	0.82	0.36	0.15	0.93	0.25	0.68	0.17	1.00	0.64	0.35	0.06	0.23	0.14
浦东边滩	0.27	0.75	0.70	0.00	0.62	1.00	0.18	1.00	0.17	0.23	0.63	0.01	0.01	0.01	0.01
宝山边滩	0.30	0.00	0.00	0.36	0.22	0.69	0.42	0.98	0.83	0.20	0.00	0.00	0.00	0.00	0.00
长兴岛周缘边滩	0.00	0.63	0.32	0.75	0.06	0.20	0.16	0.63	0.67	0.33	0.10	0.25	0.05	0.17	0.11
横沙岛周缘边滩	0.48	0.43	0.40	1.00	0.15	0.64	0.10	0.38	0.33	0.19	0.19	0.16	0.04	0.10	0.07
崇明东滩	0.83	0.98	0.32	0.98	1.00	0.37	0.03	0.55	0.17	0.41	1.00	0.96	0.66	0.81	0.71
崇明北滩	0.71	0.63	0.70	0.72	0.60	0.18	0.22	0.53	0.67	0.78	0.02	0.46	0.25	0.38	0.30
崇明西滩	0.83	0.63	0.90	0.88	0.08	0.19	0.09	0.48	0.50	0.28	0.18	1.14	0.35	0.77	0.56
崇明南滩	0.31	1.00	0.70	0.67	0.00	0.00	0.00	0.73	0.00	0.42	0.09	0.03	0.04	0.03	0.04
九段沙湿地	1.00	0.92	1.00	0.90	0.75	0.35	0.09	0.00	0.33	0.00	0.71	1.00	1.00	1.00	1.00

表 7-6　响应层指标无量纲化结果

样地	湿地管理水平	湿地保护意识	政策法规	财政支出
杭州湾北沿边滩	0.17	0.42	0.17	0.58
南汇边滩	0.25	0.31	0.36	0.14
浦东边滩	0.21	0.39	0.19	0.49
宝山边滩	0.29	0.48	0.38	0.35
长兴岛周缘边滩	0.29	0.64	0.41	0.34
横沙岛周缘边滩	0.33	0.33	0.46	0.32
崇明东滩	1.00	1.00	1.00	0.89
崇明北滩	0.12	0.07	0.07	0.13
崇明西滩	0.64	0.89	0.52	0.55
崇明南滩	0.00	0.09	0.00	0.00
九段沙湿地	0.91	1.00	0.98	1.00

7.2.2　评价指标权重

根据上述主客观指标综合权重确定方法，首先根据熵权法计算出各指标熵权 α_j；然后按照专家打分法步骤计算专家给出的各个指标权重 β_j；最后将熵权与专家确定的权重代入式（7-5）算出主客观综合权重 ω_j，计算结果如表 7-7 所示，各指标权重分布示意如图 7-1 所示。

表 7-7　评价指标权重

评价指标	熵权 α_j	专家权重 β_j	综合权重 ω_j
围垦强度	0.042 4	0.062	0.062 2
渔业生产	0.025 8	0.056	0.034 2
货物运输量（水运）	0.043 9	0.052	0.053 9
土著植物面积比例	0.038 7	0.061	0.055 9
土壤内梅罗综合污染指数	0.043 2	0.068	0.069 5

评价指标	熵权 α_j	专家权重 β_j	综合权重 ω_j
土壤有机质	0.026 9	0.054	0.034 3
土壤石油类	0.035 1	0.058	0.048 1
综合水质标识指数	0.031 9	0.064	0.048 3
底栖动物多度	0.043 8	0.029	0.030 1
底栖动物多样性指数	0.023 3	0.026	0.014 3
浮游植物密度	0.038 7	0.02	0.018 3
浮游植物多样性指数	0.057 0	0.022	0.029 6
浮游动物密度	0.025 4	0.019	0.011 4
浮游动物多样性指数	0.050 2	0.021	0.024 9
鸟类数量	0.051 8	0.058	0.071 0
供给功能	0.075 5	0.034	0.060 7
调节功能	0.055 4	0.03	0.039 3
支持功能	0.061 4	0.033	0.047 9
文化功能	0.056 2	0.028	0.037 2
湿地管理水平	0.044 8	0.054	0.057 1
湿地保护意识	0.044 4	0.051	0.053 5
政策法规	0.044 7	0.047	0.049 7
财政支出	0.039 3	0.053	0.049 2

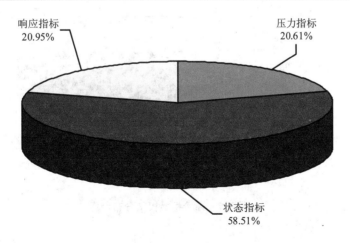

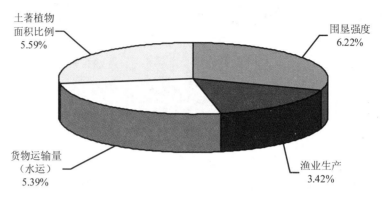

压力指标

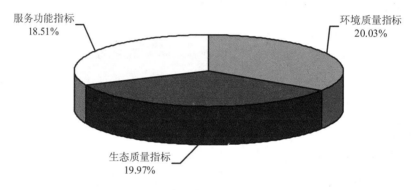

状态指标

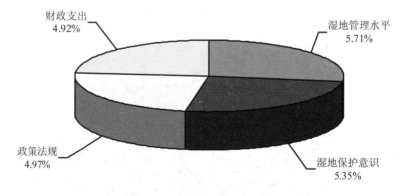

响应指标

图 7-1　评价指标权重分布示意

7.2.3　熵权综合指数评价结果

将指标无量纲化值及由主客观组合法计算所得的权重代入熵权综合指数评价模型，即可分别求得各点位的压力健康指数、状态健康指数、响应健康指数及综合健康指数，如表 7-8、图 7-2 和图 7-3 所示。

表 7-8　熵权综合指数评价结果

样地	压力健康指数	状态健康指数			状态健康指数	响应健康指数	综合健康指数
		环境质量健康指数	生态质量健康指数	服务功能健康指数			
杭州湾北沿边滩	0.112 4	0.101 1	0.079 9	0.014 5	0.195 6	0.069 2	0.377 1
南汇边滩	0.060 5	0.136 6	0.105 0	0.040 1	0.281 7	0.055 6	0.397 8
浦东边滩	0.108 3	0.078 2	0.136 6	0.001 4	0.216 2	0.066 4	0.390 8
宝山边滩	0.159 6	0.038 1	0.073 9	0.000 4	0.112 4	0.078 3	0.350 4
长兴岛周缘边滩	0.148 9	0.073 4	0.047 7	0.029 1	0.150 2	0.087 9	0.387 0
横沙岛周缘边滩	0.138 1	0.115 8	0.065 1	0.018 6	0.199 5	0.075 1	0.412 8
崇明东滩	0.163 7	0.154 1	0.121 1	0.150 0	0.425 2	0.204 1	0.793 0
崇明北滩	0.149 1	0.139 2	0.081 0	0.067 1	0.287 3	0.016 7	0.453 1
崇明西滩	0.188 4	0.164 6	0.045 7	0.141 0	0.351 3	0.137 1	0.676 8
崇明南滩	0.180 4	0.121 8	0.042 3	0.006 2	0.170 3	0.004 8	0.355 5
九段沙湿地	0.140 8	0.192 5	0.072 0	0.185 1	0.449 5	0.203 4	0.793 7

从压力健康指数评价结果来看，岛屿周缘边滩压力健康指数较大陆边滩高，而九段沙湿地处于二者之间，说明大陆边滩受到压力相对较高，这与大陆边滩人类活动干扰较强有关，而水运发达也给九段沙湿地带来一定压力。

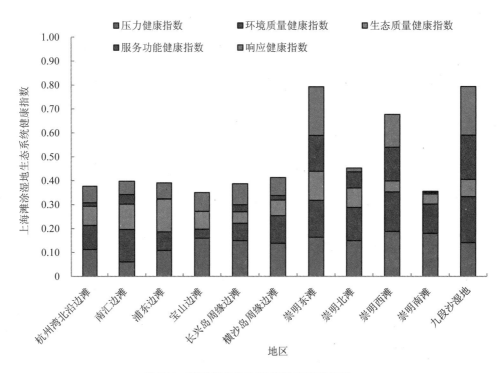

图 7-2   滩涂湿地生态系统健康评价结果

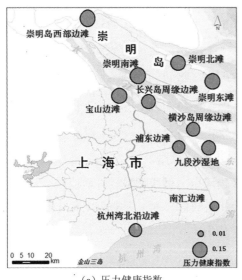

（a）压力健康指数

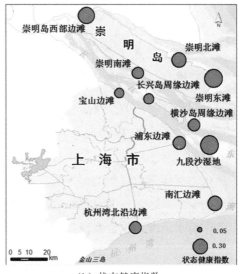

（b）状态健康指数

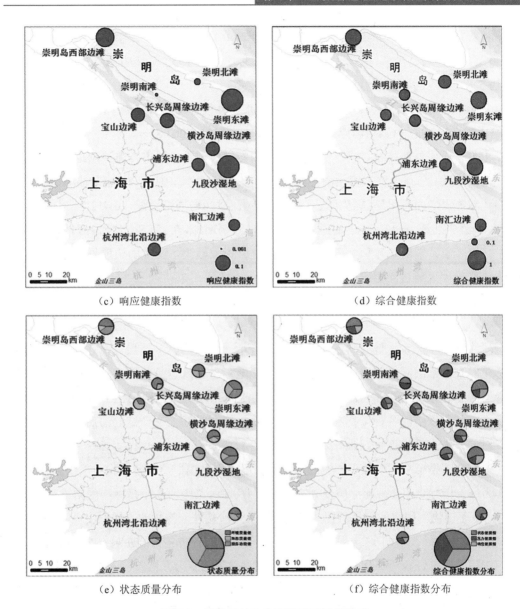

（c）响应健康指数　　　　　（d）综合健康指数

（e）状态质量分布　　　　　（f）综合健康指数分布

图 7-3　滩涂湿地生态系统健康评价结果

从状态健康指数评价结果来看，其中，环境质量健康指数以九段沙和崇明东滩最好，分别为 0.192 5 和 0.154 1，宝山边滩最差，为 0.038 1；生态质量健康指数以浦东边滩和崇明东滩最好，分别为 0.136 6 和 0.121 1，崇明南岸边滩最差，仅为 0.042 3；服务功能健康指数以九段沙湿地和崇明东滩较高，分别为 0.185 1 和 0.15，宝山边滩最低，仅为 0.000 4。总的来说，滩涂湿地状态健康指数以九段沙湿地和崇明东滩最高，分别为 0.449 5 和 0.425 2，宝山边滩最低，仅为 0.112 4。

从响应健康指数评价结果来看，崇明东滩和九段沙湿地的响应指数最高，分别为 0.203 4 和 0.204 1，而崇明南滩的响应指数最低，仅为 0.004 8。

由上述压力健康指数、状态健康指数和响应健康指数，得出各滩涂湿地生态系统的综合健康指数，分别为杭州湾北沿边滩，0.377 1；南汇边滩，0.397 8；浦东边滩，0.390 8；宝山边滩，0.350 4，；长兴岛周缘边滩，0.387 0；横沙岛周缘边滩，0.412 8；崇明东滩，0.793 0；崇明北滩，0.453 1；崇明西滩，0.676 8；崇明南滩，0.355 5；九段沙湿地，0.793 7。从中可以看出，崇明东滩和九段沙湿地综合健康指数较高，而宝山边滩最低，且岛屿周缘边滩普遍较大陆边滩健康。

7.2.4 评价结果分析

滩涂湿地生态系统健康状况是滩涂湿地所承受压力的直接结果，压力是湿地健康状态恶化的直接原因。当其所承受的压力超过湿地生态系统自身代谢功能或调节能力时，就会造成生态系统结构和功能的破坏，从而使生态系统健康状况退化。湿地生态系统健康状态对其所承受的各种干扰胁迫做出的反映往往在时间上有一定的滞后性，压力指标可以对湿地生态系统退化起到一定的预警作用。

本研究选择了从围垦强度、渔业生产、水运货物运输量及土著植物面积比例 4 个指标作为评价指标来阐述各滩涂所受到的胁迫压力程度，其中前 3 个指标与受压力程度正相关，而土著植物面积比例则呈负相关，它反映了滩涂受外来物种的入侵程度，但滩涂是一种复杂的生态系统，除了这 4 项压力指标，它还承受着各种各样的胁迫，如人口密度、污染控制等。通过资料调研及统计分析，将各滩涂受到的压力分析归纳入表 7-9 和图 7-4。

表 7-9　各滩涂湿地受到压力分析结果

样地	围垦强度	渔业生产	货物运输量	土著植物面积比例	人口密度	工业污染	农业及生活污染
杭州湾北沿边滩	++	+++++	++	++++	++	+++	+++++
南汇边滩	+++++	+	+++	+++++	+++	++++	+++

样地	围垦强度	渔业生产	货物运输量	土著植物面积比例	人口密度	工业污染	农业及生活污染
浦东边滩	+++++	+	++++	+	++++	+++++	++++
宝山边滩	+	++	++++	+	+++++	++++	++
长兴岛周缘边滩	+	+++	+++++	—	+	++	+
横沙岛周缘边滩	++	—	+++++	—	+	+	+
崇明东滩	+	+	—	+++	+	+	++
崇明北滩	++	+	+	+++	+	+	++
崇明西滩	+	+	++	—	+	+	++
崇明南滩	+	++	++	—	+	+	++
九段沙湿地	—	++	++++	++	—	—	—

注：+、++、+++、++++、+++++分别代表受压力程度小、较小、中等、较高、高。

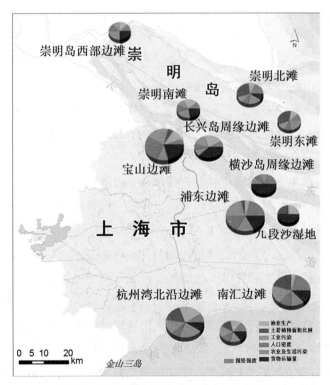

图 7-4　上海市滩涂湿地所受压力分布示意

　　由表 7-9 可直观地看出，大陆边滩受到的各种胁迫普遍较岛屿周缘边滩和江心沙洲湿地严重。其中，围垦强度以南汇边滩和浦东边滩为最高，九段沙湿地目前不受围垦影响；渔业生产的压力以杭州湾北沿边滩最大，长江口区域次之，这与这些区域是渔业捕捞区且捕捞作业强度大有关系；货物运输量同样以长江口区域受到的压力较大，这是因为长江口区域有大量港口码头且长江口深水航道有大量船舶运营；外来物种（互花米草）入侵程度以南汇边滩最高，而长兴岛周缘边滩、横沙岛周缘边滩和崇明西滩、南滩无互花米草入侵；人口密度以大陆边滩较高，岛屿周缘边滩较小，而九段沙湿地无人口居住；工业污染同样以大陆边滩较为严重；农业及生活污染以杭州湾北沿边滩最严重，崇明岛也存在着一定污染，这与农药、化肥的滥用、放牧及人口素质相对较低有一定关系。

　　滩涂湿地的状态与其所承受的压力胁迫直接相关，从状态健康指数结果来看，这种相关性更明显，大陆边滩受到的压力胁迫较大，所以其状态健康指数也相对较低。其中，大陆边滩中又以宝山边滩的状态健康指数最低，南汇边滩相对较高；岛屿周缘边滩中，崇明东滩整体受到的压力胁迫较小，所以其状态健康指数最高，而崇明南滩则较低。九段沙湿地由于无人居住，基本不受人类活动干扰，它所受到的压力最小，所以其状态健康指数最高，基本未出现生态系统退化现象。总的来说，各滩涂湿地受到的胁迫种类及程度各不相同，这也使得其状态表现的不尽相同，浦东边滩、宝山边滩的工业污染较为严重，所以其环境质量状态指数较低，南汇边滩受互花米草入侵最为严重，所以其服务功能状态指数较低。同时长兴岛和崇明东滩存在着农户直接在滩涂上放牧的现象，牲畜的直接践踏和猎食均会对生态质量状态带来影响。

　　响应是人类根据生态系统健康状态变化采取的一系列管理修复措施，旨在恢复生态环境质量或防止其进一步退化。响应行为可以直接或间接影响生态系统健康状态，直接方式是相关部门直接投资于湿地保护项目、湿地修复工程等，而间接方式是通过改善压力情况达到改善湿地生态系统健康状况的目的。响应的作用对于湿地生态系统而言同样具有滞后性，故应在压力预警出现的时候就开始采取响应措施，从根源遏制生态系统退化。

　　从响应健康指数结果来看，崇明东滩和九段沙湿地的响应健康指数最高，崇明西滩次之，其他滩涂的响应程度较低。具体响应措施如下：九段沙湿地的响应主要是在 2000年上海市人们政府批准建立"上海市九段沙湿地自然保护区"，2003 年开始实施《上海市九段沙湿地自然保护区管理办法》，并于 2005 年批准同意其晋升为国家级自然保护区；

上海市人民政府对崇明东滩鸟类资源保护工作十分重视,1996 年以来多次批示责成市政府有关部门抓紧做好保护区规划论证工作, 1998 年 11 月经上海市人民政府正式批准建立上海市崇明东滩鸟类自然保护区,总面积为 24 155 hm²,约占上海全市湿地总面积的 7.8%。1999 年 7 月,湿地国际亚太组织已正式接纳崇明东滩为"东亚—澳大利亚涉禽保护网络成员"单位;2002 年 1 月被湿地国际秘书处正式确认为"国际重要湿地",使崇明东滩成为我国 21 世纪致力于全球湿地和迁徙水鸟保护的国际重要湿地之一;2009 年在崇明岛西南端成立了崇明西沙湿地公园,成为崇明岛国家地质公园的核心组成部分,是上海市委立项的生态修复实验基地,东风西沙水库水源地保护区也位于崇明岛的西南部;长兴岛和横沙岛湿地均为国家重要湿地;相比岛屿周缘边滩,大陆边滩的响应措施相对较少,为切实保护好南汇东滩地区的野生动物资源,2007 年原南汇区人民政府对外发布公告在南汇东滩地区建立一个南至芦潮港码头,北至浦东新区(原南汇区与浦东新区交界处),西至九四塘,东至滩涂,面积约 122.5 km² 的野生动物禁猎区,有效保护区内自然生态系统和物种多样性;宝山吴淞口炮台湾湿地公园于 2007 年正式落成,它的设计突出"环境更新、生态恢复、文化重建"的理念,不仅让原有的滩涂湿地在建设中得到有效保护,而且在沿江岸线一侧通过大小生态岛的组合,利用潮起潮落的水位变化,营造出了 11 hm² 的湿地景观,同时陈行水库水源保护区的建立也为宝山边滩的健康状况带来积极响应;面向杭州湾的奉贤碧海金沙水上乐园和位于杭州湾北岸的金山城市沙滩,作为上海两大休闲旅游区,也同样开展了相应的管理保护措施。各响应措施在不同程度上减轻了滩涂生态系统所承受的压力胁迫,同时保护了滩涂的生态环境,对滩涂湿地生态系统健康状况产生积极影响,响应措施越多,执行越严格的滩涂湿地,其状态健康指数也越高。但是,滩涂湿地是一种很脆弱的生态系统,除了崇明东滩和九段沙国家自然保护区,其他滩涂所采取的管理保护措施仍不到位,还需要相关部门加大保护力度并很好地执行实施。

7.3　滩涂湿地生态敏感性分析

长江口滩涂植被分布较为典型。口门地区自然潮滩优势种为禾本科芦苇和莎草科海三棱藨草。海三棱藨草为我国特有种,主要分布在长江口地区,在河北等地也有部分分布。在海三棱藨草生长区,常有莎草科藨草斑块分布。而在河口上段盐度较小区域,藨草常替代海三棱藨草，成为滩涂的优势先锋植物。长江口潮滩在平均小潮高潮位附近首先出现稀疏的海三棱藨草，向上逐渐连片，在平均高潮位以上被芦苇取代。近年来由于区域促淤、护岸，在滩涂上引种了大面积的禾本科互花米草，在崇明东滩 98 堤外自然滩涂、九段沙都有较大面积分布。

除了植物，长江口有记录的湿地鸟类有 150 余种，列入国家保护的鸟类有 17 种，列入中日候鸟保护协定的有 102 种，列入中澳候鸟保护协定的有 49 种。其中春秋两季经过长江口迁徙的鸻鹬类有 56 种，上百万只。底栖动物 68 种，优势类群为甲壳动物（33种）和软体动物（18 种）。另外，水域中还有各种鱼类和浮游生物。

丰富的物种给滩涂湿地带来了巨大的生态资源，使得滩涂湿地极具生态价值，然而滩涂湿地较为脆弱，均为生态敏感区。根据生态敏感性评价结果（表 7-10，图 7-5），本书将上海滩涂湿地分为以下几个区域。

表 7-10　上海滩涂湿地的生态敏感度

	保护物种	水鸟数量	生态系统服务价值	保护方法	综合评分	敏感性
崇明东滩	3	3	3	3	12	高度生态敏感区
九段沙	3	3	3	3	12	高度生态敏感区
南汇边滩	3	3	3	2	11	高度生态敏感区
青草沙、中央沙（已圈围）	2	2	3	1	8	较高生态敏感区
崇明北滩	2	2	2	1	7	较高生态敏感区
东风西沙（已圈围）	2	2	2	1	7	较高生态敏感区
宝山边滩	1	1	2	2	6	较高生态敏感区
崇明西滩	1	1	2	1	5	一般生态敏感区
横沙东滩（已圈围）	1	1	2	1	5	一般生态敏感区
杭州湾边滩	1	1	1	2	5	一般生态敏感区
浦东边滩	1	1	1	1	4	一般生态敏感区

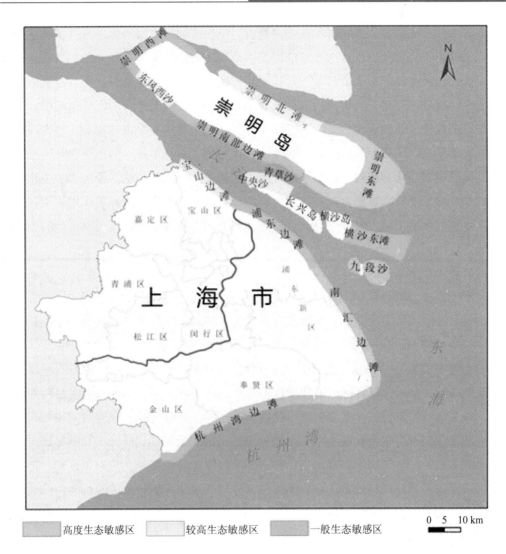

	高度生态敏感区		较高生态敏感区		一般生态敏感区

图 7-5　上海滩涂湿地生态敏感性分布示意

（1）高度生态敏感区

　　属于高度生态敏感区的上海滩涂湿地包括崇明东滩、九段沙和南汇边滩。这些区域生态环境特殊，生物资源丰富，物种多样性高，存在多种国家一级保护物种和国际关注的珍稀物种，崇明东滩和九段沙已被确立为国家级自然保护区。

　　崇明东滩是重要的国际湿地和鸟类自然保护区，实施相关滩涂开发利用工程的目的是为更好地保护和修复崇明东滩的生物多样性，在尚未彻底掌握滩涂发育规律和生态环境特点之前，不宜对滩涂进行大规模的促淤圈围等工程，以免造成不可挽回的损失；九段沙是长江口新生沙洲，上海最后一片净土，被确立为国家级自然保护区，对其应该以保护为主，严格按照相关主管部门的批复要求实施；南汇东滩所在的区域南汇嘴在上海具有特殊的区位及生物资源优势，应对滩涂开发利用开展中长期发展规划，结合现有的野生动物禁猎区，在南汇东滩整个区域范围内保留部分自然湿地，为鸟类和其他动物提供觅食和栖息的场所，同时，南汇东滩外侧还是诸多珍稀水生生物、经济水生生物的洄游通道和产卵场所，工程要合理安排施工时间和布局，在空间上避开珍稀水生生物和经济水生生物的洄游通道，时间上避开它们的产卵期和洄游高峰期，并采取适当的生态修复措施。

（2）较高生态敏感区

属于较高生态敏感区的上海滩涂湿地包括东风西沙、崇明北滩、青草沙、中央沙、宝山边滩。这些区域生境良好，具有丰富的生物资源和较高的物种多样性，存在具有重要经济价值的物种，东风西沙、青草沙和宝山边滩还建有重要的水源地保护区。

对上述具有较高生态敏感性滩涂开发利用之前应针对滩涂的独特生态敏感性结合环境监测资料，全面分析目标滩涂冲淤状态和生态环境现状后，再行确定促淤和圈围的规模，并遵循"先促后围、多促少围"的原则；同时，合理安排工程的时间和布局，在空间上避开珍稀水生生物和经济水生生物的洄游通道、索饵场、产卵场和越冬场，在时间上避开它们的产卵期和洄游高峰期，并适当采取生态修复措施。对东风西沙、青草沙和宝山边滩等区域要严格控制污染物的排放，并加强滩涂环境污染的跟踪监测，确保上海市民用上安全的自来水。

（3）一般生态敏感区

属于一般生态敏感区的上海滩涂湿地包括横沙东滩、崇明西滩、浦东边滩、杭州湾边滩。这些区域生态环境遭到破坏，生物资源相对较少，物种丰度与多度均较低，而且很多边滩已被较充分地圈围开发利用。

横沙东滩和崇明西滩有一定的渔业资源，对滩涂的施工势必会对渔业资源产生一定的影响。因此，建议对上述滩涂进行控制性的工程，遵循滩涂演变的自然规律，先促后围、多促少围，保持滩涂湿地在数量和质量上的动态平衡，合理安排施工时间和布局，并适当采取生态修复措施。浦东边滩和杭州湾北岸边滩目前圈围殆尽，分布着各类工业区、交通用地等功能区，滩涂生态系统不完善，生物多样性相对较差，已非特殊生境，根据上海的发展需要，以"加快促淤、保护生态、适度圈围、有效利用"为指导思想，对这些滩涂适时有序地进行利用。

7.4 小结

本章构建了基于"压力-状态-响应"（PSR）框架模型的滩涂湿地生态系统健康评价指标体系，对滩涂湿地生态系统生态系统健康状况进行了评价，同时择保护物种、水鸟数量、生态系统服务价值、保护方法四个指标对其敏感性进行了分析，得出以下结论：

（1）崇明东滩和九段沙湿地综合健康度较高，而宝山边滩最低，且岛屿周缘边滩普遍较大陆边滩健康。综合健康度是压力健康指数、状态健康指数和响应健康指数三者的综合反映。由于大陆边滩人为活动干扰较强，受到压力胁迫相对较为严重，因此，其压力健康指数较岛屿周缘边滩低；九段沙湿地和崇明东滩国家级自然保护区的建立，可显著提升滩涂湿地的生态环境质量，对其生态系统服务功能的维持也具有明显作用；崇明东滩和九段沙湿地的响应指数最高，分别为 0.203 4 和 0.204 1，而崇明南滩的响应指数最低，仅为 0.004 8。这充分体现了自然保护区的建立使得与之对应的保护措施及保护力度不断加强。

（2）崇明东滩、九段沙和南汇边滩这些区域生态环境特殊，生物资源丰富，物种多样性高，属于高度生态敏感区；东风西沙、崇明北滩、青草沙以及宝山边滩，这些区域生境良好，具有丰富的生物资源和较高的物种多样性，存在具有重要经济价值的物种，生态敏感性为较高等级；横沙东滩、崇明西滩、浦东边滩和杭州湾边滩这些区域生态环境遭到破坏，生物资源相对较少，物种丰度与多度均较低，而且很多边滩已被较充分地圈围开发利用，生态敏感性等级为一般。

第 8 章
上海滩涂湿地保护对策研究

8.1 滩涂湿地生态环境胁迫分析

根据本次调查与评价研究，通过遥感分析、现场调查及资料汇总等方法，滩涂湿地生态环境所面临的威胁主要包括滩涂经济活动、圈围、生物入侵、污染、上游大型水利工程和气候变化。

8.1.1 滩涂经济活动

在上海滩涂湿地，主要的经济活动包括渔业捕捞（鳗苗、刀鲚、凤鲚、弹涂鱼、蟹苗、黄泥螺、海瓜子、螃蜞、蛏子等）、芦苇收割、放牧等。

目前，在上海滩涂湿地及附近水域从事渔业捕捞的渔船估计超过 2 000 条，每年冬季及初春，大量捕捞鳗苗的渔船及各式渔网在长江口滩涂密布，对迁徙鸟类的栖息觅食造成巨大的影响。

芦苇是一种重要的经济植物，是造纸的良好原材料。因此，每年 11 月至次年 4 月初，在崇明西滩、崇明东滩、九段沙等滩涂，均对芦苇进行收割。一般认为，在冬季的收割可促进芦苇的更新，但是由于收割人员众多，且与冬候鸟活动时间相重叠，因此对鸟类栖息造成了较大影响。

崇明东滩和横沙，有部分养牛户将牛在滩涂上放养。在崇明东滩，放牧区域为捕鱼港起以南至 98 大堤与 02 大堤结合部，放牧时间从 4 月下旬到 10 月月底。近年来，在保护区的努力下，牛的数量在逐年减少。牛在东滩的主要觅食对象是藨草、海三棱藨草、糙叶苔草及芦苇的幼苗。由于牛群数量大，牛的觅食与践踏对东滩藨草和海三棱藨草的生长影响很大，甚至可以导致这两种植物在东滩局部区域种群的暂时衰退。

除了这些被管理部门许可的经济活动外，由于上海滩涂湿地位于"东亚－澳大利西亚"鸟类迁徙路线上，每年春秋两季，还屡有偷猎鸟类事件发生。

人类经济活动的强烈干扰，已经导致了部分区域滩涂海三棱藨草种群密度下降，甚至成为次生的光滩。滩涂经济活动，改变了滩涂原有的植物群落类型与结构，也改变了滩涂植物群落的自然演替模式。同时，由于人类活动的频繁，致使鸟类受到一定程度惊扰，对湿地鸟类正常的栖息觅食造成一定影响。

8.1.2 圈围

长江口泥沙沉积速度快，滩涂与沙洲面积持续增加，因此，自古以来，人们就没有停止对长江口滩涂的圈围，围海造地在上海发展中占有重要地位。研究资料表明，近2 000 年来上海圈围土地面积占上海现有土地面积的 62%。新中国成立后，上海市政府多次组织大量人力物力对长江口滩涂进行有计划的大规模圈围，截至 1995 年，上海圈围滩涂面积超过 100 万亩，圈围的滩涂主要分布在崇明岛，长兴岛、横沙岛北部，长江口南岸浦东新区三甲港至南汇嘴及杭州湾北岸。

以崇明东滩为例，近 20 年来，崇明东滩的每隔数年就会对滩涂进行一定强度的圈围，1988—1997 年这 10 年间，圈围面积达到 7 898 hm^2，圈围强度较大，从而导致植被面积大幅度下降，1997 年植被面积降至最低。1988—1990 年的圈围主要发生在高程较高的芦苇群落，导致芦苇分布面积大量减少，而莎草科植物受到的影响不大，其面积反而有所增加。而 1990—1997 年的圈围强度很大，致使芦苇与莎草科植物面积都显著降低。1997—2002 年的圈围对芦苇和莎草科植物的面积都有一定影响。总的来说，从 1988 年以来，尽管滩涂淤涨速度较快，但圈围强度过大，由于芦苇比莎草科植物分布在更高高程的区域，因此每次圈围都对芦苇在滩涂上的分布面积造成较大影响，从而导致崇明东滩盐沼湿地芦苇面积持续下降，而莎草科植物受到的影响则与圈围的区域有关，如果圈围强度过大，则莎草科植物在滩涂上的分布面积也会受到较大影响。

8.1.3 生物入侵

上海滩涂湿地是外来植物互花米草入侵的重灾区。自 20 世纪中期，互花米草在上海滩涂湿地快速扩散，目前，互花米草群落主要分布在崇明东滩、崇明北滩、九段沙、大陆边滩等区域，面积已经超过 5 000 hm²，成为上海滩涂湿地最主要的植物群落类型之一。

对于上海滩涂，互花米草的作用是多方面的。互花米草对上海滩涂的入侵，对促淤防浪护堤起到一定的作用，但是，由于其抗逆性和扩散力强，并通过形成高大密集的单物种群落强烈排斥土著物种，因此，互花米草在整个上海滩涂都具有极强的入侵力。在崇明东滩和九段沙，土著植物海三棱藨草和芦苇已经受到互花米草的严重威胁，而海三棱藨草群落和芦苇群落是东滩鸟类合适的栖息地，海三棱藨草的嫩芽、种子与地下球茎也是一些雁鸭类与白头鹤等水鸟的主要食物来源。同时，由于互花米草的种群密度极高，底栖动物也难以生长，且由于互花米草植物体组织中含盐量高，适口性差，也不利于昆虫的取食与生长，而底栖动物与昆虫是鸟类的重要食源。互花米草的入侵还会增加温室气体的释放。因此，互花米草的入侵导致了滩涂鸟类的饵料与栖息地大量丧失，对滩涂湿地的生物多样性和生态系统功能产生了严重威胁。

8.1.4 污染

在上海滩涂湿地的污染主要是营养盐污染所导致的富营养化。

陆源径流输入是导致河口及海岸富营养化最主要的因素，也就是说，河流上游流域大量富含 N、P 等元素的工农业废水和城市生活污水排放，是海水中营养盐的主要来源。海水营养水平的提高，又直接导致了河口及沿海滩涂营养水平的升高。

由于富营养化，上海附近水域是赤潮的频发区。滩涂富营养化还可影响植物群落的结构、过程与功能，从而进一步对整个滩涂生态系统产生影响。

8.1.5 上游大型水利工程

为了充分利用河流资源，在大河干流筑坝引水、发电在全球大河上都较为普遍。建坝以后，由于大量淡水在陆地贮存或被消耗，入海径流量减少，同时入海泥沙量也减少。由于缺少淡水与泥沙的补充，在许多河口出现了盐水入侵、海岸侵蚀等生态及环境问题。这在长江口地区的表现尤为明显。

长江上游建有三峡大坝、葛洲坝、南水北调等多个大型水利工程，导致长江的水、沙通量降低，加剧长江口地区的盐水入侵。这些大型水利工程的建设，对河口地区滩涂物理环境有不同程度的影响。近几年长江滩涂淤涨速率明显下降，部分沙洲甚至开始出现消退。海岸侵蚀，滩涂面积减少，可以直接导致滩涂植物群落的消失。研究表明，盐水入侵可能改变滩涂植物间的竞争结果，加速互花米草的入侵。在一些区域，盐水对潮上带的大量入侵还导致淡水或陆生植物的死亡，改变了滩涂植物群落的演替过程，使原生植被退化成为次生植被。

8.1.6　气候变化

由于人类活动所导致的 CO_2 浓度升高、全球变暖及海平面升高对滩涂湿地具有一定程度的影响。近 100 年来，全球的海平面以平均 $1\sim3$ mm/a 的速度持续升高，海岸带是受海平面影响最为严重的生态系统之一。

据估算，上海滩涂湿地所处的长江三角洲是我国受海平面影响最严重的地区。在这一地区，海平面以 $6.5\sim11.0$ mm/a 的速度升高。海平面升高可以直接导致滩涂湿地丧失与植被面积减少。根据估算，如果海平面上升 0.5 m 和 1.0 m，长江口潮滩面积将分别比 1990 年减少 9.2%和 16.7%；植被面积减少 20%和 28%。海平面上升还会导致盐水入侵，同时也可增加海水对沿海滩涂的浸没时间与频率，并使盐沼土壤盐度上升、侵蚀加剧，改变植物群落结构，导致生态系统退化。

8.2　主要滩涂湿地生态环境面临的问题

根据对上海地区滩涂湿地生态系统进行调查及健康评价的研究，可针对不同类型滩涂湿地提出更具针对性和可行性的保护对策及建议，本研究将重点分析崇明东滩、九段沙和其他区域滩涂生态环境存在的主要问题。

8.2.1　崇明东滩

崇明东滩受到的胁迫主要包括滩涂围垦、偷猎鸟类、牛群放牧、捕捞活动和收割芦苇等直接胁迫及污染等间接胁迫，直接胁迫可以通过宣传教育、强化执法等行政手段加以控制，而间接胁迫由于其隐蔽性和长期性，只能通过自然来逐步恢复，这种恢复是相当缓慢的。近 20 年来，崇明东滩所面临的胁迫因子主要包括以下几个。

（1）圈围强度一度过大。自 20 世纪 80 年代筹建保护区至 1998 年正式批准建立以来，崇明东滩先后经历了 1990、1992 和 1998 年 3 次大规模的围垦，圈围面积近 6 700 hm²，2002 年有关部门又围垦滩涂湿地 2 000 hm²。过度围垦，使原有白头鹤和小天鹅适宜的栖息地逐渐丧失，演变成农田、鱼塘和荒地，小天鹅的数量锐减，白枕鹤已不再出现；雁鸭类越冬数量一直呈下降的趋势。滩涂湿地是迁徙水鸟赖以生存的栖息地，过度的围垦和大幅度侵占湿地鸟类的栖息地，影响了亚太地区迁徙鸟类通道的建设，不仅对鸟类的种群结构和数量、驻留时间、活动范围等产生严重影响，而且对崇明东滩的生态系统结构也带来了不可预见的影响，如围垦带来的湿地水文状况变化，以及由此引发的湿地植被演替和鸟类生态位更替的影响等。如何正确处理好土地资源的开发和滩涂湿地资源及生物多样性的保护，实现可持续发展战略，是摆在各级政府部门和保护区管理处面前的一项重大研究课题。在崇明东滩鸟类自然保护区晋升为国家级保护区以后，这一问题已基本得到了解决，但前期强度过大的圈围所引起的生态后果，仍然难以评估。

（2）生物资源的过度利用。每年的 12 月至次年的 4 月，是长江口地区捕捞鳗苗和蟹苗的旺季。而此时的崇明东滩恰是越冬的雁鸭类和鹤类利用频率最高的季节，北迁的涉禽也在 3—4 月达到迁徙的高峰。由于受高额利润的驱动，多个省份的捕捞大军汇集东滩，上千条渔船在该水域进行捕捞作业，有的区域还建有高脚屋，密集的渔网与嘈杂的马达，对越冬候鸟的栖息环境造成严重影响，也造成了刀鱼等渔业资源的枯竭。近年来，由于管理措施的逐渐跟上，目前，崇明东滩水域渔船有所减少，大部分高脚屋被拆除，但仍未根本上解决过度捕捞引起的一系列生态环境后果。此外，崇明东滩还存在着一些过度放牧现象，放牧牛群对崇明东滩滩涂的植被演替和底栖动物产生了较大影响，滩涂退化显著，破坏了迁徙鸟类的食源，对滩涂生态系统结构与功能产生了一系列负面效应，这些生态后果目前还有待评估。

（3）非法捕猎。崇明东滩鸟类资源丰富，猎杀候鸟也曾是当地农民和外来渔民的副业。当地农民和外来人员（主要是渔民）主要用扣网、猎枪和毒杀 3 种方法捕鸟。在崇明东滩鸟类自然保护区建立以后，这一现象已经得到大大改善，但仍有不法分子毒杀候鸟。2011 年 2 月，包括 2 只国家级保护动物小天鹅在内的 44 只候鸟被毒死，值得欣慰的是，相关部门通过在保护区滩涂上安装高清监控头，执法部门借助此手段，抓获了非法偷猎者。相关部门应该加大宣传和执法力度，提高附近居民及渔民的生态环保可持续利用意识，让他们从本质上认识到生物多样性保护的重要性，从而自觉杜绝违法事件的发生。同时，可开发保护区周边社区产业，如培育观鸟业，可让渔民捕捞转向观鸟业过渡，从而实现滩涂利用方式由第一产业向第三产业转换。

（4）环境污染。随着经济的快速发展，崇明东滩环境排放污染物负荷不断增大，一些负荷已超越了其自然净化能力，在一定程度上出现了大气污染、水源污染、土壤污染、生物污染等环境问题，彭晓佳等的研究表明以上海土壤环境背景值为评价标准，崇明东滩重金属属轻度污染。此外，保护区内一些经济作物种植模式下的污染源氮磷含量相对较高，造成污染。而目前，东滩保护区境内大都为绿色农业园区，有大片的农田、果园和虾蟹养殖塘，只要管理得当，就可以避免或减少以上生产活动对保护区水质的污染。此外，由于上游部分区域的过度排放，导致了东滩沉积物中部分重金属指标超标，对这一现象也应予以重视。

（5）互花米草入侵。互花米草属禾本科米草属，原产于美国东海岸。这种草根系发达、繁殖力极强，用于促淤效果明显。近年来，有关部门在自然保护区核心区内的东阴沙、东旺沙等地，人工种植了数千亩互花米草。崇明东滩自然保护区具有特有的植被群落，尤其是海三棱藨草，其块茎是小天鹅、白头鹤的主要食物，种子是野鸭的饲料，对东滩地区生物多样性的维持起着非常关键的作用。但是，由于外来物种互花米草的成功入侵，已对本地植物芦苇和海三棱藨草产生了严重威胁，海三棱藨草几乎已在东滩北部绝迹，近海生物的栖息环境遭到严重破坏，进而破坏食物链的结构，威胁鸟类的生存环境和区域生态安全。目前对互花米草的控制工程已在开展，但是由于互花米草扩张速度过快，应该加快工程进度，以减少互花米草造成的损失。

8.2.2　九段沙

九段沙湿地形成年代短，岛上植物种类相对简单，生态系统比较脆弱，生态系统的服务功能不尽完善，因此在管理保护中首先要保证九段沙湿地的生态系统较少地受到干扰、不被破坏，确保九段沙湿地延续自然的变迁和演替。自上海九段沙湿地国家级自然保护区建立以来，已取得了一定的成效，但是在自然保护区的保护、管理、科研、合理利用等方面还存在着一些矛盾和问题，应针对这些矛盾和问题提出可行有效的措施。

（1）渔业活动仍然较为频繁。九段沙湿地及邻近海域是长江口传统的渔业区，渔业活动也会对保护和管理的实施带来一定的影响。目前，对渔船的控制仍然具有较大难度。因此，应合理统筹规划渔业捕捞活动，使经济发展与滩涂生态系统健康最大限度满足统筹兼顾。

（2）互花米草入侵。自 1997 年为配合浦东机场建设而开展的"种青引鸟"工程而在九段沙人工移栽了互花米草以来，九段沙互花米草面积已经急剧扩大，中沙及下沙的互花米草面积已超过 2 000 hm²，是除上海崇明东滩外第二大的互花米草分布区，且由于九段沙远离大陆，控制工程难以开展。因此，目前无法对九段沙的互花米草进行有效管理，导致了土著植物面积锐减。互花米草入侵是对九段沙生态系统健康威胁最大的因子。

（3）海上污染难以控制。九段沙湿地主要受海上污染较为严重，包括船舶油类污染物排放、海上危险品泄漏等。2012 年 6 月，九段沙海域曾发生船舶相撞引起的溢油事故。在此背景下，应逐步完成自然保护区内船舶污染事故应急处置中心和设备储备基地、船舶溢油应急设备库工程建设，实现船舶油类污染物的"零排放"。建设巡航监视、定点监视、专项监视相结合的静动态船舶污染监视系统。鼓励企业参与海上危险品泄漏应急联防体，完善海上危险品泄漏响应处置系统，提高危险品海上泄漏风险处置及应急处置能力。严格执行海洋倾废许可制度，控制、调整、优化海域倾倒区布局，规范海洋倾倒区的管理，对海上倾倒活动实施跟踪监测。加强对渔业船舶的污染排放管理，减轻对海洋环境的影响。

（4）管理难度大。上海九段沙湿地国家级自然保护区与浦东新区有较大的水上距离，泥沙淤积严重，经常有风暴等自然灾害，这都给自然保护区的保护、监测和管理带来较大的困难，因此必须在九段沙岛上建立条件保障基地，使保护区的安全有所保障，同时要配有优良的执法船只。岛上基地与执法船只的日常维护开支较大。

8.2.3　其他区域

除了九段沙和崇明东滩以外，上海还有大量的大陆和岛屿周缘边滩，也同样面临着一系列生态环境威胁。

（1）环境污染。本次监测表明，以长江南支的部分大陆边滩和岛屿周缘边滩水体和沉积物环境质量明显相对偏低，这是与这一区域污染物排放和人类活动强度密切相关的。边滩港口码头的建设，及其临近海域船舶货物运输的影响，使得滩涂水体石油类污染物质含量较高。此外，滩涂促围工程也会对水质净化功能造成一定影响，滩涂促围在施工过程中必将对滩涂植被产生明显影响，海三棱藨草、藨草等湿地植物被破坏，将会降低植被对水体中各项污染物的吸收和降解，使污染物质积累速率过高而造成污染。

（2）过度围垦。遥感监测表明，除崇明东滩和九段沙两个国家级自然保护区以外，目前上海可供圈围的滩涂湿地资源几近枯竭。高程在 2 m 以上的滩涂湿地已经基本消失，多数岸线仅存数十米宽生态功能微弱的光滩。目前的规划表明，部分大陆边滩的圈围降至 −2 m 等深线，这对滩涂资源的影响是空前的。经过近 30 年持续的高强度围垦，目前已几乎围无可围。此外，由于长江来沙量锐减，未来长江口滩涂湿地是否仍然能保持快速发育的趋势，目前还有待评估。因此，在转换发展模式、建设生态文明的大背景下，对于上海滩涂湿地资源，应以休养生息为主，适度开发为辅。

（3）滩涂侵蚀。基于遥感及现场调查结果显示，大陆边滩、杭州湾北沿滩涂及崇明南岸边滩是滩涂侵蚀的重灾区。由于长江中上游的大型水利工程、长江上游水土保持工程、人工采沙及中游河道泥沙淤积等因素作用下，长江径流输沙量出现显著下降，长江大通站近 10 年来的平均输沙量仅为 20 世纪 60 年代的 1/3。因此，近年来长江口滩涂湿地淤涨速率减缓，部分岸段出现了显著侵蚀。此外，长江口海域是我国海平面上升最为严重的区域。在多种因素的作用下，上海部分滩涂正在发生侵蚀。因此，对于部分岸线，应加强管护，以保护滩涂湿地资源与堤防安全。

（4）缺乏有效保护。随着对滩涂资源重要性的认识，相关部门陆续采取了一些保护管理措施，建立了南汇东滩野生动物禁猎区、炮台湾湿地公园等，但保护力度仍需进一步提高，特别是对于非自然保护区内的滩涂湿地资源，开展有效保护的难度较大。对于非保护区的滩涂湿地圈围活动，很难予以控制。部分区域仍然在移栽外来植物互花米草，曾经是本地区分布面积最大的滩涂植物海三棱藨草已濒临灭绝。总而言之，大陆边滩生态环境的恶化，缺乏有效保护是重要原因之一。

8.3　重大海洋工程与产业发展对滩涂湿地的影响

8.3.1　长江口深水航道工程

工程施工对水生生物和水体透明度造成的影响是暂时的、局部的、可逆的，随着工程施工的结束，影响随即消除。由于工程施工，造成渔场面积缩小，特别是在各渔汛期间水域渔船数量较大的情况下渔船更为拥挤，在一定程度上对作业时间产生影响。

工程距离九段沙湿地自然保护区最近距离约 35 km，因此，在正常情况下不会直接影响九段沙湿地自然保护区的生态与环境，但若发生溢油事故等污染，则对该保护区的水生生态和湿地产生影响。

工程距崇明东滩鸟类自然保护区和上海长江口中华鲟自然保护区甚远，相距约45 km，因此，施工期和营运期不会对崇明东滩鸟类自然保护区产生显著影响，但本工程会占据新浏河沙边滩的小部分湿地区域，对迁徙过程中的零星歇憩鸟类的栖息地和取食会有一定的影响，同时施工过程中产生的噪声可能会对鸟类的迁徙有较小程度的影响。另外，工程水域也是中华鲟的洄游通道，因此，施工期间受工程影响，可能会对中华鲟洄游产生一定干扰。

工程距青草沙水源地保护区上游泵闸较近，相距约 7 km，在正常营运情况下不会对水源保护区产生影响；但若船舶航行过程中因碰撞等发生溢油事故，在西风或西北风向和落潮条件下，会对水库取水产生影响，应在相关部门的组织下采取溢油应急措施。

8.3.2　圈围填海工程

长江口泥沙沉积速度快，滩涂与沙洲面积持续增加，自古以来，人们就没有停止对长江口滩涂的圈围，围海造地在上海发展中占有重要地位。研究资料表明，近 2 000 年来上海圈围土地面积占上海现有土地面积的 62%。新中国成立后，上海市政府多次组织大量人力、物力对长江口滩涂进行了有计划的大规模圈围，截至 1995 年，上海圈围滩涂面积超过 100 万亩，圈围的滩涂主要分布在崇明岛，长兴岛、横沙岛北部，长江口南岸浦东新区三甲港至南汇嘴及杭州湾北岸。

圈围填海虽然在一定程度上缓解了土地资源，但也加剧了海洋环境污染。大规模的围填海工程不仅直接影响施工海域悬沙、使海岸线发生变化，还造成纳潮量减少、水交换能力变差，使近岸海域水环境容量下降，削弱了海水净化纳污能力。圈围填海使滩涂湿地环境被破坏，长江口潮滩众多，是大量珍稀鸟类繁殖和迁徙的重要场所，由此构成珍贵的湿地资源。但近年来过度的围海造地等开发活动对滩涂湿地构成显著的威胁。此外，不合理的圈围填海造地改变了长江口水动力条件，削弱了水体交换能力，减少了海湾纳潮量，加重了海湾的淤积，造成水质、底质环境恶化，使海湾功能丧失。

8.3.3　长兴岛海洋装备基地

随着海洋装备基地的不断发展，各种径流汇入近海，使近海水体中的污染物不断上升，海洋生物资源相应减少。主要对鱼类生存、洄游通道及长江口赤潮 3 个方面有着重要的生态影响。

（1）对鱼类生存的影响。水体中大部分污染物质对鱼类的生长繁殖都有一定的影响，例如，石油类、N、P 等，对鱼类的生存影响较大。石油类的影响：水体受到轻度石油污染时，鱼类分泌的黏液可去除身上的油污，但重污染时无法去除。油和油膜黏附在鱼鳃的表皮细胞上，影响鱼类的正常呼吸。污染严重时，油膜覆盖水面，阻碍水体的复氧作用，造成水体严重缺氧，影响浮游植物的光合作用，降低水生态系统的初级生物生产力；水生动物也不能顺利地从水中吸进 O_2 和排出 CO_2；而且油被鱼吞食或经鳃吸入后，鱼肉会带有怪味，失去食用价值。另外，油污染还能导致洄游鱼类无法溯河产卵，破坏鱼类资源。$NH_3\text{-}N$ 的影响：N 是一切藻类都必需的营养元素，浮游植物只直接吸收利用处于溶解状态的氮的某些化学形式，如 $NH_3\text{-}N$、$NH_4^+\text{-}N$、$NO_3\text{-}N$ 等。一方面这些氮化合物能被植物直接吸收利用，构成它们生命的蛋白质，增加浮游生物量，为鱼类提供丰富的天然饵料；另一方面它对鱼类及其他水生动物有毒性。它能破坏鱼类的鳃组织，并渗进血液中，降低血液载氧能力，使呼吸机能下降，直接或间接影响着鱼类的生长繁殖乃至死亡。

（2）对鱼类洄游通道的影响。长江口捕捞区渔业资源丰富，也是多种水生生物进行生殖洄游的重要通道，如前颌间银鱼、日本鳗鲡、中华绒螯蟹、暗色东方鲀、松江鲈鱼、刀鲚、鲥等鱼类。洄游鱼类有 3 种：①在海水中生长的溯河洄游鱼类，由海洋通过河口进入江河进行产卵，如中华鲟、刀鲚、鲥等；②在淡水中生长的降海洄游鱼类，由江河通过河口到海洋进行产卵，如鳗鲡、松江鲈、中华绒螯蟹等；③在河口附近进行短距离洄游的，如前颌间银鱼、凤鲚和棘头梅童鱼等，它们于繁殖季节洄游至河口、浅海一带产卵。暗色东方鲀、中华鲟、刀鲚、鲥，进入长江的时间为春夏季。暗色东方鲀、刀鲚开始产卵的时间为 4 月，首批入江的时间为 2 月，鲥鱼的产卵期稍迟，入江的时间为 4—5 月，中华鲟第二年秋季才生殖，入江的时间为 5—6 月。产卵结束后，除暗色东方鲀有可能死亡外，其余种类的产后亲鱼顺流游向下游，不久入海。鳗鲡是降海性洄游鱼类，9—10 月集群而下，深海产卵，次年春季鳗苗溯河而上。长江口是重要的苗种资源水域，清明前后为鳗苗旺季。松江鲈是一种近岸浅海产卵鱼类，4 月下旬仔幼鱼进入下游淡水江河生长肥育，当年冬天性成熟下海。前颌间银鱼、凤鲚，开始游入长江的时间为春季，上溯距离短，一般仅达南通附近，很少超过江阴。完成生殖任务后，亲鱼死亡。

长江口大部分洄游鱼类的洄游时间都集中在春季 4—5 月，此时段不是暴雨季节，企业排放口排水概率或排水量较小，因此径流对鱼类洄游通道影响不大，且近岸排放，影响宽度仅几十米，多数鱼类则分布在距岸较远的深水区，近岸水域相对较少。

（3）对长江口赤潮的影响。自 20 世纪 80 年代初以来，长江口邻近海域（28°00′～34°00′N，124°00′E 以西）赤潮频发，其中尤其以 30°30′～32°00′N，122°15′～123°15′E 海域发生最为频繁，该海域被称为"长江口及其邻近海域的赤潮多发区"。丰水期的夏季（7 月），浮游植物主要密集出现在长江口北部 123°E 附近水域，淡水区无中肋骨条藻出现；春季（5 月）和秋季（11 月），密集区往西移至 122°20′E 附近的南部水域；枯水期的冬季（1 月），长江口海域浮游植物分布相对较均匀。浮游植物的空间分布格局除受水体盐度和营养盐含量等制约外，水体的透明度对其分布也有重要影响，长江径流携带大量泥沙入海，导致 122°E 以西口门附近海域水质较混浊，透明度多不足 1.0 m，水体较混浊，影响日光的入射，不利于浮游植物光合作用和生长繁殖。因此，长江口海域 122°E 以西部分水域浮游植物数量一般较低。企业排水口位于东经 121°，北纬 31°附近，长兴岛东南角。虽然径流易导致赤潮，但径流污染影响范围并不是赤潮高发易发区，对其加以控制，可以降低其对长江口赤潮发生的可能。

8.3.4　杭州湾北岸化工区

石化、钢铁产业是高能耗、高污染产业，即使采用国际上最先进的技术也难以做到零排放。我国已经布局 10 多个大型炼油基地，主要集中在沿海、沿江地区，炼油基地周边海域（水域）生态环境日趋下降已是不争的事实，如杭州湾北岸化工石化集中区。

杭州湾北岸化工石化集中区分布有上海石化和上海化工区，上海石化规划面积 9.7 km^2，拥有炼油能力 880 万 t/a、乙烯能力 85 万 t/a，其工艺技术达到国内先进水平；上海化工区规划面积 29.4 km^2，拥有乙烯能力 120 万 t/a，其工艺技术达到国际先进水平。两大化工园区的建设，带动了周边城镇的快速发展，区域环境问题也日益显现。根据《上海市杭州湾北岸化工石化集中区区域环境影响报告书》，近 10 年来，近岸海域大部分水质指标的浓度均有所增加，包括氨氮、活性磷酸盐、化学需氧量、石油类、铜、锌、总镉和挥发酚。其中，活性磷酸盐、铜和锌浓度的增加幅度较大，活性磷酸盐的增加幅度为 4～8 倍；重金属铜和锌增加幅度为 3～10 倍和 3～15 倍。生物多样性明显降低，评价海域生物体（虾类）镉、铜和锌残留量呈现出明显的上升趋势，2006 年分别为 1997

年的 9.4、2.8 和 1.4 倍；挥发酚残留量的增幅也很明显，2006 年为 1997 年的 6.4 倍。

8.4　滩涂湿地保护对策

根据对上海滩涂湿地生态环境监测及评价的研究，可提出以下对策建议。

8.4.1　以动态保护与动态利用相结合为原则

由于泥沙在长江河口地区快速沉积，所以上海的滩涂和湿地植被也处于快速发育的过程中。同时，由于上海正处于快速的城市化进程中，人地矛盾突出，不断淤涨的滩涂资源为上海缓解高强度经济开发建设造成的土地资源压力起到了至关重要的作用。因此，对滩涂资源的合理利用是一个无法回避的事实。

在自然状况下，随着滩涂的淤涨发育，滩面逐渐抬高，潮汐影响逐渐减小，滩涂植被将向中生化和陆生化发展，湿地植被将演替成中生草甸和陆生灌丛或乔木。相对于陆地生态系统而言，滩涂湿地资源具有很强的稀缺性。因此，对滩涂的开发利用应当位于已经陆生化的区域，而对于尚未陆生化的区域，应以保护为主。最近 5～10 年的圈围力度较大，导致目前上海滩涂资源已经大幅减少，因此，在今后 10 年中，应以保护为主，尽量避免圈围。

正是由于滩涂湿地处于持续动态发育中，因此，对于滩涂湿地的保护与利用也应因势利导，依据客观的自然规律，以动态保护和动态利用相结合为基本原则，进行动态规划，实施动态管理，以便对保护对象实施有效的保护。

8.4.2　以迁徙鸟类种群数量恢复为保护目标

迁徙水鸟种群的数量是衡量湿地重要性与湿地生态功能的一个重要标准。"国际重要湿地"也是鸟类种群数量为评定标准，必须符合以下两项标准的其中一项：一是单次容纳 2 万只以上的水鸟；二是鸟类数量达到或超过东亚地区水鸟估计种群数量的 1%。

此外，由于长江口滩涂位于"东亚—澳大利西亚"鸟类迁徙路线的中段，每年有大量候鸟在滩涂湿地栖息觅食。因此，迁徙鸟类种群数量可作为衡量上海滩涂湿地生态保护成果的标准。

上海很多滩涂是水鸟的重要栖息地，例如，崇明东滩、九段沙和南汇边滩。崇明东滩已经是国际重要湿地，而九段沙和南汇边滩的迁徙鸟类数量已经达到国际重要湿地标准。近年来，由于开发强度的加大，有些区域滩涂的迁徙水鸟数量出现了显著下降。例如，南汇边滩 2006 年记录迁徙水鸟 5.7 万只次，2007 年降至 3.8 万只次，2008 年则继续下降到 2.5 万只次。对于这些区域，应以迁徙鸟类种群数量恢复作为保护目标，积极申报国际重要湿地，这对于提高上海的国际形象具有较高的积极意义。

8.4.3　以滩涂面积不因人为因素减少为底线

圈围是目前对上海地区滩涂湿地资源影响最大的因素之一，圈围将直接导致滩涂面积大幅度减少，严重影响滩涂湿地生态系统的结构与功能。

最近几十年，上海的滩涂湿地圈围频繁，经过几轮大规模的圈围工程，目前可供圈围的滩涂资源已经很少。毫不夸张地说，除了崇明东滩和九段沙这两个受到严格保护的国家级保护区，其他能够圈围的滩涂均已被圈围，甚至已经达到国际重要湿地标准的南汇边滩也被圈围，如果近期圈围还将继续下去的话，南汇边滩鸟类栖息地功能将完全消失，该区域滩涂湿地功能将受到严重威胁。

对于大陆边滩，应当重点做到以下两点。

（1）降低促围力度。遵循"预防为主"的原则，按照"最小化""减量化"要求，提出滩涂开发生态环境影响减缓措施。通过行政措施和技术方法，科学合理地控制滩涂促围的规模和强度，使环境影响最小化，希望滩涂造地建设部门能付诸实施，切实降低大陆边滩促围力度。

（2）加强保护力度。对于大陆边滩保护力度需大幅提高，应对大陆边滩的生态环境及发育动态采取跟踪监测，相关管理建设部门还应配合有关部门据此编制详细的实施方案。

因此，对于上海滩涂湿地保护而言，在将来的一段时期内，滩涂湿地特别是具有重要生态功能的滩涂湿地面积不能因人为因素而减少，这是上海滩涂湿地保护的底线。

8.4.4　以法制建设与机制建设为抓手

目前，在上海乃至全国对于湿地的保护上，法制建设尚不健全，目前还没有一个专门的用于湿地生态环境保护的法律出台。在《中华人民共和国水法》《中华人民共和国环境保护法》《中华人民共和国海域使用管理法》《中华人民共和国环境保护法》等法律中有所提及滩涂湿地保护的内容，但这些法律尚无专门条款适用于滩涂湿地保护。

1996 年，上海市政府颁布了《上海市滩涂管理条例》，但是该条例第一条就明确提出该条例的主要目的："为了加强滩涂资源管理，合理开发利用滩涂，促进经济建设和社会发展，保障人民生命财产安全，根据国家有关法律、法规，结合本市具体情况，制定本条例。"由此可见，目前对于上海滩涂生态与环境保护还缺乏健全的法律依据。

由于法律建设的不健全，也导致了在滩涂湿地管理上的不合理。在上海，水务局、农委、林业局、环保局等多个部门各自依据相关法律对滩涂进行管理。由于各个部门职能不同，导致监管机制欠合理。

建议相关部门做好并完善大陆边滩管理工作：改变现行法律法规中制约、阻碍上海滩涂湿地保护和合理开发的内容，并及时进行增补和修订；在上海国土资源利用的整体经济运行机制下，鼓励并引导人们保护与合理利用滩涂湿地、限制破坏滩涂湿地的经济政策体系；提高政府、非政府组织、当地社会合理开发和保护滩涂湿地的能力，加强有关机构之间的协调和交流，采取协调一致的滩涂湿地保护行动；加强执法人员培训，提高执法水平；增强执法力度，制止非法行为；建立对滩涂湿地开发利用及用途变更的生态环境影响评价、审批管理程序，实施滩涂湿地开发利用环境影响评价制度；对于涉及重大生态环境问题的滩涂开发利用，应严格依法论证、审批和监督实施，同时在环境影响评价过程中加强公众参与的力度。

因此，在滩涂湿地保护上，应以相关法制建设和管理机制建设为出发点和重要抓手，从根本上解决滩涂湿地管理的不协调问题。

8.4.5　加强滩涂生态环境监测与研究

上海滩涂湿地是一个快速发育的生态系统，滩涂生态状况与环境质量受到多种因素的影响。由于滩涂环境艰苦，交通不便，相对于河流湖泊或者其他陆地生态系统而言，对于滩涂生态环境的监测，一直较为缺乏。

因此，要对滩涂湿地的生态环境实施有效保护，就必须加强滩涂生态环境质量的监测，进行定期化与实时化的生态、环境监测。例如，在重点滩涂可建立长期的实时监测站位，可以积累滩涂环境变化的长期数据，是了解滩涂多种生态过程及结构与功能等信息的有效手段；又如，利用遥感技术对全上海的滩涂发育变化进行定期监测，能够了解滩涂发育演替的过程，还能用于研究滩涂湿地的历史演变规律，这对预测滩涂生态环境的未来发展趋势也有重要意义。

　　开展滩涂湿地的科学研究是认识和了解滩涂湿地生态环境的主要途径，也是促进滩涂湿地生态环境保护和可持续发展的重要保证。只有通过基础研究和应用研究，对上海滩涂湿地类型、特征、功能、价值、动态变化等有较为全面、深入和系统的了解，才能为上海滩涂湿地生态环境的保护和合理开发利用奠定科学基础。目前，相关滩涂科研工作在崇明东滩、九段沙湿地及其他岛屿周缘边滩比较集中，而大陆边滩相对较少，因此，应组织各高校或科研部门也在大陆边滩中开展科研项目，包括一些生态机理研究、技术应用、生态效益评价及生态修复示范区建立等。

　　还要加强长江口湿地生态系统研究管理的研究，尤其建议开展长江口湿地生态系统管理决策支持系统的研究，为科学决策和管理提供支持，并建立相应的决策和管理机制，使长江口的滩涂湿地管理更加科学、合理。

　　总而言之，对滩涂生态环境的监测评价与科学研究，是对滩涂湿地实施有效保护的基础，是对滩涂湿地保护中的必要手段。加强滩涂生态环境质量的监测，是滩涂湿地保护中的工作重点之一。

8.4.6　加强滩涂湿地的生态恢复力度

　　滩涂湿地的生态恢复包括两项重要内容：一是滩涂湿地本身的恢复，这有赖于滩涂的快速淤涨；二是滩涂湿地生态系统结构与功能的恢复，这有赖于人类的强干预。

　　加大对长江河口潮滩的促淤力度，把上游来沙尽可能留在河口该留的区域，并补偿日益减少的自然滩涂湿地。促淤尽量要与长江口深水航道的疏浚紧密结合，以免造成泥沙资源的浪费。除了人工促淤外，更要重视恢复滩涂湿地，增强其自然淤涨能力。对于未圈围的滩涂，通过生态系统结构、过程和服务功能的分析，得出所研究区域生态系统的现状，制定合理的湿地生态恢复方案，以促进河口新生湿地的增长，提高潮滩湿地的质量，增强湿地的生态服务功能。

　　大陆边滩进行的人类干扰和圈围活动，不可避免地会对滩涂生态环境产生影响，为了降低不良的生态环境影响，应及时采取生态补救或修复措施。如在大陆边滩附近海域开展海岸生态修复工程、建设生态安全防护林带、开展垃圾专项整治工作等。此外，滩涂湿地促淤圈围过程势必会对滩涂底栖生物造成极大破坏，因此，同样有必要对受到破坏的滩涂及其附近水域采取底栖生物增殖放流措施，尽快恢复受影响滩涂及其附近水域的底栖生物生物量和组成，加速其生态功能的恢复。

8.4.7　推进对入侵生物的控制与管理

大量调查和研究已经表明，长江口滩涂湿地大部分区域都已经受到了入侵植物互花米草的入侵，并且其扩散速度惊人，目前互花米草群落已经成为上海滩涂湿地分布面积最大的植物群落类型。由于互花米草的快速入侵，上海滩涂湿地生态系统结构与功能遭到严重破坏，生态系统健康面临巨大威胁。

目前，自然保护区是受互花米草威胁最为严重的区域。尽管这些自然保护区的胁迫因子是多重的，但是目前最为严重、最为紧迫的因素是互花米草大面积的迅速扩张。其他威胁因素如圈围、污染、过度捕捞与狩猎都可以通过当地政府立法和加强自然保护区的管理等途径加以有效解决。如何尽快控制住互花米草的扩张，改善入侵地的生态系统质量，稳定鸟类的栖息地和食物来源，是摆在上海滩涂湿地保护部门面前最紧迫的问题。由于互花米草扩散速度很快，因此对互花米草的控制和管理刻不容缓。

对于互花米草的控制和管理，应从两方面入手：一是加强对互花米草扩张的人工强干预与人工灭除；二是避免人为引种，这是上海滩涂湿地生态恢复的有效途径。

第 9 章

结论与展望

9.1 主要结论

湿地具有涵养水源、净化水质、蓄洪防旱、降解污染、调节气候等多种功能,在维持生态平衡、保持生物多样性和珍稀物种资源等方面均起到重要作用,具有巨大的生态、社会和经济效益。而河口滩涂湿地是上海滩涂湿地的重要组成部分。长期以来,滩涂湿地虽然不断为上海提供宝贵的后备土地资源和动植物资源,但是随着上海城市经济的高速发展,上海的湿地正承受着越来越大的压力,面临着高强度围垦、生物资源利用过度、环境污染等问题。长此以往,必定会导致湿地面积的减小,湿地生态功能的退化,还将导致生物多样性降低、生态环境恶化等不良后果。通过对上海滩涂湿地开展生境调查评估与保护对策研究,得出以下主要结论。

9.1.1 滩涂历史动态过程

滩涂湿地在上海沿江沿海地区分布广泛,是上海重要的自然生态系统类型。本研究表明,上海滩涂湿地在过去数十年快速发育,但近年来淤涨速率明显趋缓。在高强度的频繁圈围下,滩涂面积持续萎缩。

遥感分析显示,2011 年上海滩涂湿地(吴淞高程 1 m 以上)总面积为 326.49 km^2,主要分布在大陆及岛屿周缘及江心沙洲。其中,崇明东滩、九段沙及江心沙洲是上海滩涂湿地的主要分布地,三者之和约占上海滩涂总面积的 80%。滩涂湿地总体上保持着向海方向扩张的趋势。自 1988 年以来,崇明东滩向东延伸 5.1 km,平均每年扩张约 220 m;

南汇东滩 1 m 等高线向东延伸 4.3 km, 平均每年扩张约 180 m。

圈围是对上海滩涂湿地影响最大的因素之一。近 20 年来, 圈围速率明显快于滩涂的自然淤涨速率。1988 年滩涂面积为 522.15 km², 近 20 年上海累计圈围 653.54 km², 这直接导致滩涂湿地面积仅为 1988 年的 62.53%。崇明东滩、崇明北沿、南汇东滩、长兴岛和横沙岛的圈围面积最大, 累积圈围达 578.28 hm²。但从比例上看, 大陆边滩是受圈围影响最大的区域, 湿地面积急剧萎缩, 目前仅为 1988 年的 21.26%, 而滩涂也仅数十米宽。目前, 除崇明东滩、九段沙两个国家级自然保护区及尚未完全成型的江心沙洲外, 高程 2 m 以上的滩涂湿地已少有分布。

近年来, 由于长江中上游的大型水利工程和水土保持工程, 上游来沙量仅为 20 世纪 60 年代的 1/3。因此, 滩涂扩张速率明显趋缓, 部分区域甚至已出现较为明显的侵蚀。在滩涂淤涨速率放缓和圈围力度过大的双重压力下, 应加强对滩涂湿地的保护力度。

9.1.2 生态现状

现场监测表明, 上海滩涂湿地的主要生物资源 (植被、底栖生物、浮游生物) 存在明显的梯度分布, 这一规律与河口地区及滩涂自身环境特征密切相关。

河口地区是江海交汇区, 河口盐度受潮汐和径流量的影响存在着一定的变化规律, 而随着滩涂高程的增加, 受到潮汐的影响逐渐减少, 盐度也沿高程呈一定的规律变化。河口盐度的这一变化进一步影响着滩涂湿地的植被生长表现。根据 2011 年调查结果显示, 芦苇滩涂面积为 4 050.87 hm², 互花米草滩涂面积为 4 916.95 hm², 海三棱藨草滩涂面积为 4 981.31 hm², 生长较好的芦苇主要分布在盐度较低、靠近长江南支的滩涂; 而在受海洋潮汐影响较大、盐度较高的滩涂互花米草生长较好; 海三棱藨草单群落零星分布于盐度略高的中等盐度滩涂。此外, 互花米草入侵也是影响植物群落动态的重要因素之一, 它通过竞争排斥, 导致海三棱藨草群落面积锐减, 进而对被入侵地的自然环境、生物多样性、生态系统乃至经济生活带来一系列影响。

底栖动物密度以岛屿周缘边滩和江心沙洲湿地普遍高于大陆边滩, 而多样性指数则以大陆边滩高于岛屿周缘边滩和江心沙洲湿地。由此可见, 滩涂湿地底栖动物密度及多样性指数存在着一定的差异性, 底栖动物密度大的点位其多样性指数并不一定高。这表明, 不同潮位、不同季节和不同植被覆盖类型及人类干扰程度等因素通过影响滩涂环境异质性而影响滩涂底栖动物的分布特征。

浮游动植物分布规律具有一定的一致性，其密度均呈现出大陆边滩高于岛屿周缘边滩和江心沙洲湿地，但其多样性指数则分布各异。浮游生物的这一分布特征直接与滩涂环境异质性相关，如水体水质、泥沙含量分布各异等。大陆边滩水体环境相对多变，水体富营养化程度较高，这也为不同类型的水生生物提供了更为适宜的生境，所以浮游生物种类和数量相对较高。

9.1.3　环境质量

对上海滩涂沉积物及水体环境质量的现场监测与实验室分析及评价表明，以氮、磷为主的营养盐是上海滩涂湿地水体的主要污染物，此外，部分区域沉积物环境还存在一定的石油类污染和重金属污染。

滩涂水体污染主要表现在水体富营养化程度较高。水体氨氮浓度普遍偏高，总氮含量为Ⅴ类和劣Ⅴ类水体标准，而整个上海滩涂水体总磷浓度也偏高，各区域单因子污染指数均大于1。氮、磷营养盐污染较为严重，主要原因是人类活动干扰不断增强，人为向长江口水域排放的含氮、磷物质增加，从而导致水体呈现出一定程度的富营养化。同时，高强度的圈围也导致滩涂植被群落发生变化，湿地生态系统的水质净化功能受损。

滩涂沉积物主要存在重金属Cd和Cu污染。各区域沉积物重金属Cd单因子污染指数均大于1，超过自然背景值。而杭州湾边滩、横沙岛边滩、长兴岛边滩的沉积物存在着重金属Cu污染。研究区域Cd的主要来源有电镀、冶炼、燃料、电池和化学工业等排放的废水，而Cu的排放主要包括机械制造和钢铁生产等产生的废水，位于长兴岛的船舶制造业可能是重金属Cu的潜在污染源。

此外，杭州湾北沿边滩、宝山边滩和浦东边滩受到石油类污染比较严重。这些区域港口码头分布集中，货物运输频繁，相应的会经常从事一些船舶修造、打捞、拆解及油料供受等作业活动，这也加大了含油污水、船舶垃圾等有毒有害物质向长江口水域排放的可能性，进而造成石油类污染。

9.1.4　生态系统服务功能

根据估算，上海地区滩涂生态系统服务价值近20余年总体上处于减少的趋势。互花米草滩涂是本地区滩涂湿地中生态系统服务功能价值最低的滩涂类型，但其面积在过去15年中快速增加。此外，由于圈围，其他各类型滩涂锐减，这导致上海滩涂湿地生态系统服务功能价值呈现出明显的下降趋势。

由于上海地区各类型滩涂的生态效益较为相近，滩涂生态系统服务功能总价值主要随着滩涂面积和植被群落分布的变化而变化。根据估算，上海地区滩涂生态系统服务价值近 20 余年总体上处于减少的趋势。1996 年前，3 大滩涂区域的服务价值排序为：岛屿及其周缘滩涂＞大陆边滩＞江心沙洲；而 20 世纪 90 年代末互花米草的入侵使得这一排序发生改变，新的价值排序为：岛屿及其周缘滩涂＞江心沙洲＞大陆边滩，这是由于互花米草良好的适应能力和较强的繁殖能力使得除互花米草外的其余各类型滩涂面积均呈下降趋势。从区域来看，除九段沙、崇明西滩、东风西沙临近沙洲、青草沙及临近沙洲外，其余滩涂湿地生态系统服务功能均呈现出减少的趋势。通过分析可以看出，滩涂生态系统服务价值与滩涂面积和滩涂植被类型的变化密切相关，其中，滩涂湿地面积的变化对总价值的影响较为明显。

9.1.5 生态系统健康状况及敏感性

结合"压力-状态-响应"（PSR）指标体系和熵权综合指数评价模型，对上海市滩涂湿地生态系统健康状况进行评价，主要得住以下结论。

（1）综合健康度：崇明东滩和九段沙湿地综合健康度较高，而宝山边滩最低，且岛屿周缘边滩普遍较大陆边滩健康。综合健康度是压力健康指数、状态健康指数和响应健康指数三者的综合反映。

（2）压力健康指数：由于大陆边滩人为活动干扰较强，受到压力胁迫相对较为严重，因此，其压力健康指数较岛屿周缘边滩低；而滩涂区域承受的主要压力表现为围垦强度、滩涂经济活动、互花米草入侵及气候变化引起的海平面上升等。

（3）状态健康指数：状态项目又分为环境质量、生态质量和服务功能质量 3 个要素层。其中，环境质量健康指数以崇明东滩和九段沙最好，宝山边滩最差；而生态质量健康指数也以崇明东滩最好，崇明南滩最差；服务功能健康指数同样以九段沙湿地和崇明东滩最高，宝山边滩最低。这表明九段沙湿地和崇明东滩国家级自然保护区的建立，可显著提升滩涂湿地的生态环境质量，对其生态系统服务功能的维持也具有明显作用。

（4）响应健康指数：崇明东滩和九段沙湿地的响应指数最高，分别为 0.203 4 和 0.204 1，而崇明南滩的响应指数最低，仅为 0.004 8。这充分体现了自然保护区的建立使得与之对应的保护措施及保护力度不断加强。

在滩涂湿地生态系统健康评估的基础上，分析了各类滩涂的生态敏感性。其中，崇明东滩、九段沙和南汇边滩均为高度生态敏感区，长兴岛周缘边滩、崇明北滩为较高生态敏感区；而崇明西滩、横沙边滩、浦东边滩和杭州湾北沿边滩为一般生态敏感区。生态敏感性的高低取决于研究区域保护物种、水鸟数量、渔业资源和保护方法等，它们分别代表了滩涂湿地的保护价值、国际影响、经济价值和保护力度。

9.1.6 存在的主要问题及对策

上海滩涂湿地生态环境所面临的胁迫主要包括滩涂经济活动、圈围、生物入侵、污染、上游大型水利工程建设及气候变化引起的海平面上升等。这些胁迫因子使得滩涂面积减少，滩涂植物群落的自然演替模式发生改变，滩涂生境鸟类栖息地功能丧失，滩涂湿地的生物多样性与生态系统服务功能维持受到威胁。

不同滩涂区域面临的生态环境问题各不相同，崇明东滩圈围强度过大，围垦带来的湿地水文状况的变化，以及由此引发的湿地植被演替和鸟类生态位更替的影响是不可预见的，如何正确处理好土地资源的开发和滩涂湿地资源及其生物多样性的保护，实现可持续发展战略，是摆在各级政府部门和保护区管理处面前的一项重大研究课题。生物资源过度利用，对崇明东滩生态系统结构与功能产生了一系列负面效应，互花米草的入侵使得近海生物的栖息环境遭到破坏，进而破坏食物链的结构，威胁到鸟类的生存环境和区域生态安全。九段沙面临的主要问题是受海上污染较为严重，溢油事故、海上危险品泄漏事故时有发生，同时，由于九段沙湿地国家级自然保护区与浦东新区有较大的水上距离，这些都是保护区在保护、监测和管理方面面临的巨大挑战。大陆边滩面临的主要胁迫是过度围垦，其中，宝山、浦东边滩是上海圈围强度最高的地区之一，过度圈围使得滩涂湿地植物群落分布发生变化，进而改变滩涂生境现状，使滩涂生物多样性和生态系统服务功能维持受到威胁。

针对不同滩涂湿地受到的压力胁迫不同，提出相应的可以落到实处的保护管理对策。大尺度上，对各个滩涂进行保护时都应以动态保护与动态利用相结合为原则，上海的滩涂和湿地植被处于不断快速发育过程中，因此应根据实际发育情况开展动态利用和动态保护。上海滩涂湿地的保护对策应满足以迁徙鸟类种群数量恢复为保护目标；以滩涂面积不因人为因素减少为底线；以法制建设与机制建设为抓手；以推进对入侵生物的控制与管理为手段；以加强滩涂生态环境监测与研究为依据；以加强滩涂湿地的生态恢复力度为成效这几项原则。

9.2 研究展望

随着生态系统评估手段研究的不断深入,湿地生态系统健康评价对于湿地管理及可持续发展具有重要的指导意义和应用价值。本书在现场采样调查及资料收集整理的基础上,对上海地区滩涂湿地生态系统健康状况进行了相对系统全面的评价,初步分析了各滩涂湿地的生态敏感性,并取得了一定的基础性研究成果,但由于受采样条件及个人研究水平限制,本研究还有许多不够完善的地方需要改进,许多深入性的研究工作有待于今后进一步开展。

(1)野外调查采样于近 3 年的 9—10 月进行,所获得的数据仅代表了这一阶段的滩涂湿地生境现状,在今后的研究中应分不同季度进行现场调查采样,从而使得评价结果更全面、更准确、更有说服力。

(2)评价指标体系的建立及其权重确定是湿地生态系统健康评价的关键和难点,建立全面、准确并具有可操作性的健康评价指标体系,并合理有效地赋予指标权重值仍是今后湿地生态系统健康评价工作的重点。

(3)滩涂湿地由于受地形地貌及人类活动的影响是动态变化的,因此,在进行滩涂湿地生态系统调查及健康评价时也应重复考虑其动态性,分析其动态变化的驱动力因子,并建立模型进行模拟和预测,以便更准确及时的掌握滩涂动态健康状况。

(4)本研究在生态系统健康评估的基础上,对各滩涂湿地的生态敏感性进行了初步分析,但由于数据获取的局限性,生态敏感性因子的选取存在欠缺和不足。

党的十八大和十九大提出了推进生态文明、建设美丽中国的总体部署,在面对资源约束趋紧、环境污染严重、生态系统退化的严峻形势,必须树立尊重自然、顺应自然、保护自然的生态文明理念。而滩涂湿地是上海的重要土地后备资源,对滩涂湿地进行生境评估,正是顺应了这一生态文明建设理念,为上海的可持续发展提供基础依据,但评估方法的完善与应用,仍需要更多的研究人员付出更多的努力,把生态文明建设融入经济建设、社会建设各方面和全过程,努力建设美丽中国,实现中华民族永续发展。

参考文献

[1] Mitsch W J，Gosselink J W. Wetlands[M]. 4th ed. New York：John Wiley&Sons，2007.

[2] 刘迪. 湿地变化遥感诊断——以内蒙古鄂尔多斯遗鸥国家级自然保护区为例[D]. 北京：中国科学院大学，2017.

[3] Boorman L A. Saltmarsh Review：an Overview of Coastal Saltmarshes，Their Dynamic and Sensitivity Characteristics for Conservation and Management[M]. Peterborough：JNCC，2003.

[4] 虞湘. 1997—2004 年浙江省金衢盆地湿地动态变化分析和生态健康评价[D]. 杭州：浙江大学，2011.

[5] 薛亮. 东洞庭湖湿地生态系统健康评价[D]. 长沙：中南林业科技大学，2010.

[6] 李文华，等. 生态系统服务功能价值评估的理论、方法与应用[M]. 北京：中国人民大学出版社，2008.

[7] 苗苗. 辽宁省滨海湿地生态系统服务功能价值评估[D]. 沈阳：辽宁师范大学，2008.

[8] Daily G C. Nature's Service：Societal Dependence on Natural Ecosystem[M]. Washington D C：Island Press，1997.

[9] Costanza R，d'Arge R，R. de Groot，et al. The Value of the world's ecosystem services and natural capitall[J]. Nature，1997，15（387）：253-260.

[10] Pimental D，et al. Economic and environmental benefits of biodiversity[J]. BioScience，1997，47（11）：747-757.

[11] Bolund P，Hunhammar S. Ecosystem services in urban areas[J]. Ecological Economies，1999，29：293-301.

[12] Bjorklund J，Limbrug K，Rydberg T. Impact of production intensity on the ability of the agricultural landscape to generate ecosystem services：an example from Sweden [J]. Ecological Economics，1999，29：269-291.

[13] Andrew F S，Andre S M. Global valuation of ecosystem services：application to the Pantanal da

Nhecolandia，Brazil[J]. Ecological Economics，2000，33：1-6.

[14] Loomis J B. Balancing public trust resources of Mono Lake and Los Angels water right：An economic approach[J]. Water Resource Research，1987，23：1449-1556.

[15] 马世骏，王如松. 社会-经济-自然复合生态系统[J]. 生态学报，1984，4（1）：1-9.

[16] 李金昌，等. 生态价值论[M]. 重庆：重庆大学出版社，1999：1-25.

[17] 侯元兆，张佩昌，王琦，等. 中国森林资源核算研究[M]. 北京：中国林业出版社，1995：1-10.

[18] 李君洁. 珠江三角洲土地利用变化及其对生态系统服务功能的影响研究[D]. 北京：首都师范大学，2009.

[19] 欧阳志云，赵同谦，赵景柱，等. 海南岛生态系统生态调节功能及其生态经济价值研究[J]. 应用生态学报，2004，15（8）：1395-1400.

[20] 欧阳志云，王如松，赵景柱. 生态系统服务功能及其生态经济价值评价[J]. 应用生态学报，1999，10（5）：635-640.

[21] 郭中伟，甘雅玲. 基于功能与空间格局的区域生态系统保育策略[J]. 生物多样性，2002，10（4）：399-408.

[22] 薛达元，包浩生，李文华. 长白山自然保护区森林生态系统间接经济价值评估[J].中国环境科学，1999，19（3）：247-252.

[23] 谢高地，鲁春霞，成升魁. 全球生态系统服务价值评估研究进展[J]. 资源科学，2001，23（6）：6-9.

[24] 李亦秋. 基于3S技术的丹江口库区及上游生态系统服务价值评价[D]. 北京：北京林业大学，2009.

[25] Leopole A . Wilderness as a land laboratory[J]. Living Wilderness，1941，6（2）：3.

[26] Rapport D J，Thorpe C，Regier H A. Ecosystem medicine[J]. Bulletin of the Ecological Society of America，1979，60（4）：180-182.

[27] Karr J R，Fausch K D，Angermeier P L，et al. Assessing biological integrity in running waters：a method and its rationale[G]. Champaigre：Illinois National History Survey，Illinois：Special Publication，1986.

[28] Schaeffer D，Herricks E，Kerster H. Ecosystem health：1.Measuring ecosystem health[J]. Environmental Management，1988，12（4）：445-455.

[29] Rapport D J. Evolution of indicators of ecosystem health[J]. Ecological Indicators，1992，1：121-134.

[30] Costanza R. Towand an operational definition of health // Cosranza R，Norton B，Haskell B. Ecosystem health：New goals for environmental management[M]. Washington D C：Island Press，1992.

[31] Harvey J. The natural economy[J]. Nature，2001，413（6855）：463.

[32] Meyer J L. Stream health：incorporating the human dimension to advance stream ecology[J]. Journal of the North American Benthological Society，1997，（16）：439-447.

[33] Leopold J C. Getting a handle on ecosystem health[J]. Science，1997，276：887.

[34] 罗跃初，周忠轩，孙轶，等. 流域生态系统健康评价方法[J]. 生态学报，2003，23（8）：1606-1613.

[35] 孔红梅，赵景柱，姬兰柱，等. 生态系统健康评价方法初探[J]. 应用生态学报，2004，13（4）：486-490.

[36] Ma K M，Kong H M，Guan W B，et al. Ecosystem health assessment：methods and directions[J]. Acta Ecological sinica，2001，21（12）：2106-2116.

[37] Dai Q H，Liu G B，Tian J L，et al. Health Diagnoses of Ecoeconomy System in Zhifanggou Small Watershed on Typical Erosion Environment[J]. Acta Ecological Sinica，2006，26（7）：2219-2228.

[38] Boulton A J. An over view of river health assessment：philosophies，practice，problems and prognosis[J]. Freshwater Biology，1999，41：469-479.

[39] 张光生，谢锋，梁小虎. 水生生态系统健康的评价指标和评价方法[J]. 中国农学通报，2010，26（24）：334-337.

[40] Sonstegard R A，Leather J F. Great lakes coho salmon as an indicator organism for ecosystem health[J]. Marine Environmental Research，1983，14：1-4.

[41] Mark B B，Amy L H，Daniel P L，et al. Aquatic ecosystem protection and restoration：advances in methods for assessment and evaluation[J]. Environmental Science&Policy，2000，3：S89-S98.

[42] 李香珍，邢雪荣，陈佐忠. 不同放牧率对旱黄梅衣生物量和化学元素组成的影响[J]. 应用生态学报，2001，12（3）：369-373.

[43] Hartwell H，Welsh JR.，Sam Droegre. A case for using plethodontid salamanders for monitoring biodiversity and ecosystem integrity of North American forests[J]. Conservation Biology，2001，15（3）：558-569.

[44] Oberdorff T，Pont D，Hugueny B，et al. Development and validation of a fish-based index for the assessment of "river health" in France[J]. Freshwater Biology，2002，47（9）：1720-1734.

[45] 陈家宽. 上海九段沙湿地自然保护区科学考察集[G]. 北京：科学出版社，2003.

[46] 胡会峰，徐福留，赵臻彦，等. 青海湖生态系统健康评价[J]. 城市环境与城市生态，2003，16（3）：71-75.

[47] Dangles O，Malmqvist B，Laudon H. Naturally acid freshwater ecosystems are diverse and functional：Evidence from boreal streams[J]. Oikos，2004，104（1）：149-155.

[48] Hodge S，Vink C J，Banks J C，et al. The use of tree-mounted artificial shelters to investigate arboreal spider communities in New Zealand nature reserves[J]. Journal of Arachnology，2007，35（1）：129-136.

[49] 郑耀辉，王树功，陈桂珠. 滨海红树林湿地生态系统健康的诊断方法和评价指标[J]. 生态学杂志，2010，29（1）：111-116.

[50] Blamey R K，Bennett J W，Louviere J J，et al. Attribute causality in environmental choice modeling[J]. Environmental and Resource Economics，2002，23（2）：167-186.

[51] 张华兵. 江苏省盐城市沿海滩涂生态系统健康综合评价研究[J]. 国土与自然资源研究，2010，3：70-72.

[52] John C J，James R P. Trends in ecotoxicology[J]. Science of the Total Encironment，1993，134（1）：7-22.

[53] 侯扶江，徐磊. 生态系统健康的研究历史与现状[J]. 草业学报，2009，18（6）：210-225.

[54] Zhou W H，Wang R S. An entropy weight app roach an the fuzzy synthetic assessment of Beijing urban ecosystem health[J]. China. Acta Ecological Sinica，2005，25（12）：3244-3251.

[55] Psrersen R C. The RCE：a riparian，channel and environmental inventory for small streams in the agricultural landscape[J]. Freshwater Biology，1992，27：195-306.

[56] The Sustainable Rangelands Roundtable（SRR）. The criteria and indicators for sustainable rangelands，the first approximation [EB/OL]. http：//Sustainable Range lands.cnr. colostate. edu，2003-08-16.

[57] 尹华军，刘庆. 森林生态系统健康诊断研究进展及亚高山针叶林健康诊断的思考[J]. 世界科技研究与发展，2003，（5）.

[58] 陈高，邓红兵，代力民，等. 森林生态系统健康评估 II.案例研究[J]. 应用生态学报，2005，16（1）：1-6.

[59] Harrison T D，Whitfield A K. A multi-metric fish index to assess the environmental condition of estuaries[J]. Journal of Fish Biology，2004，65：683-710.

[60] Rogers S I，Greenaway B. A U K perspective on the development of marine ecosystem indicators[J]. Marine Pollution Bulletin，2005，50：9-19.

[61] 赵臻彦,徐福留,詹巍,等. 湖泊生态系统健康定量评价方法[J]. 生态学报,2005,25(6):1466-1474.

[62] Bunn S E，Davies P M，Mosisch T D. Ecosystem measures of river health and their response to riparian

and catchment degradation[J]. Freshwater Biology，2007，52：333-345.

[63] David H，Jon B，Jane W，et al. Assessment of the Water Quality and Ecosystem Health of the Great Barrier Reef（Australia）：Conceptual Models[J]. Environmental Management，2007，40（6）：993-1003.

[64] 毛义伟. 长江口沿海湿地生态系统健康评价[D]. 上海：华东师范大学，2008.

[65] [Mao Yiwei. Health Assessment on Coastline Wetland Ecosystem Around the Yangtze River Delta[D]. Shanghai：East China Normal University，2008.

[66] Jing J Z，Zeren G，Sven E J. Application of eco-exergy for assessment of ecosystem health and development of structurally dynamic models[J]. Ecological Modelling，2010，221：693-702.

[67] Jessica W，Dave R，James C R S，et al. Assessment of temporal trends in ecosystem health using an holistic indicator[J]. Jouranl of Environment Management，2010，91：1446-1455.

[68] Muniz P，Venturini N，Hutton M，et al. Ecosystem health of Montevideo coastal zone：a multi approach using some different benthic indicators to improve a ten-year-ago assessment[J]. Journal of Sea Research，2011，65：38-50.

[69] Jeong-Ho Han，Hema K K，Jae Hoon Lee，et al. Integrative trophic network assessment of a lentic ecosystem by key ecological approaches of water chemistry，trophic guilds，and ecosystem health assessments along with an ECOPATH model[J]. Ecological Modelling，2011，222：3457-3472.

[70] Pennings S C，Callaway R M. Salt marsh plant zonation：the relative importance of competition and physical factors [J]. Ecology，1992，73：681-690.

[71] Chapman V J. Salt Marshes and Salt Deserts of the World [M]. New York：Elsevier，1974.

[72] Bertness M D. Zonation of Spartina patens and Spartina alterniflora in a New England salt marsh [J]. Ecology，1991a，72：138-148.

[73] Emery N C，Ewanchuk P J，Bertness M D. Competition and salt-marsh plant zonation：stress tolerators may be dominant competitors [J]. Ecology，2001，82：2471-2485.

[74] Mitsch W J，Gosselink J C. Wetlands [M]. Canada：John Wiley ＆ Son，2000.

[75] Pielou B C，Routledge R D. Salt marsh vegetation：latitudinal gradients in the zonation pattern [J]. Oecologia，1976，24：311-321.

[76] Bertness M D. Peat accumulation and the success of marsh plants [J]. Ecology，1988，69：703-713.

[77] Pennings S C，Silliman B R. Linking biogeography and community ecology：latitudinal variation in plant-herbivore interaction strength [J]. Ecology，2005，86：2310-2319.

[78] Ranwell D S. Ecology of salt marshes and sand dunes [M]. London: Chapman and Hall, 1972.

[79] Rozema J, Diggelen J V. A comparative study of growth and photosynthesis of four halophytes in response to salinity [J]. Acta Oexologica Plantarum, 1991, 12: 673-681.

[80] Odum E P. The strategy of ecosystem development [J]. Science, 1969, 164: 262-270.

[81] Chemburkar S R, Bauer J, Deming K, et al. Dealing with the impact of ritonavir polymorphs on the late stages of bulk drug process development [J]. Organic Process Research & Development, 2000, 4: 413-417.

[82] Davy A J. Development and structure of salt marshes: community patterns in time and space// Concepts and Controversies in Tidal Marsh Ecology [M]. New York, Boston, Dordrecht, London, Moscow: Kluwer Academic Publishers, 2000.

[83] Ewanchuk P J, Bertness M D. The role of waterlogging in maintaining forb pannes in northern New England salt marshes[J]. Ecology, 2004, 85: 1568-1574.

[84] Odum H T. System Ecology: an Introduction [M]. New York: John Wiley & Sons, Inc, 1983.

[85] Adam P. Saltmarsh Ecology [M]. Cambridge: Cambridge University Press, 1990.

[86] Sanchez J M, Otero X L, Izco J. Relationships between vegetation and environmental characteristics in a salt-marsh system on the coast of Northwest Spain [J]. Plant Ecology, 1998, 136: 1-8.

[87] Silvestri S, Defina A, Marani M. Tidal regime, salinity and salt marsh plant zonation [J]. Estuarine, Coastal and Shelf Science, 2005, 62: 119-130.

[88] Levine J M, Brewer J S, Bertness M D. Nutrients, competition and plant zonation in a New England salt marsh [J]. Journal of Ecology, 1998, 86: 285-292.

[89] Vernberg F J. Salt-marsh processes-a review [J]. Environmental Toxicology and Chemistry, 1993, 12: 2167-2195.

[90] Crain C M, Silliman B R, Bertness S L, et al. Physical and biotic drivers of plant distribution across estuarine salinity gradients [J]. Ecology, 2004, 85: 2539-2549.

[91] Begon M, Townsend C R, Harper J L. Ecology-From Indivisuals to Ecosystems [J], Fourth Edition. Oxford: Blackwell Publishing, 2006.

[92] Tilman D. Resources: a graphical-mechanistic approach to competition and predation [J]. The American Naturalist, 1980, 116: 362-393.

[93] Bertness M D, Shumway S W. Consumer driven pollen limitation of seed production in marsh grasses

[J]. American Journal of Botany，1992，79：288-293.

[94] Crawford R M M. Oxygen availability as an ecological limit to plant-distribution [J]. Advances in Ecological Research，1992，23：93-185.

[95] Noe G B，Zedler J B. Differential effects of four abiotic factors on the germination of salt marsh annuals [J]. American Journal of Botany，2000，87：1679-1692.

[96] Mahal B E，Park R B. The ecotone between *Spartina foliosa* Trin. and *Salicornia virginica* L. in salt marshes of northern San Francisco Bay. II. Soil water and salinity [J]. Journal of Ecology，1976，64：793-809.

[97] Lonsdale D J，Levinton J S. Latitudinal differentiation in copepod growth：an adaptation to temperature [J]. Ecology，1985，66：1397-1407.

[98] Weber E，Schmid B. Latitudinal population differentiation in two species of Solidago（Asteraceae）introduced into Europe [J]. American Journal of Botany，1998，85：1110-1828.

[99] Siska E L，Pennings S C，Buck T L，et al. Latitudinal variation in palatability of salt-marsh plants：which traits are responsible？ [J] . Ecology，2002，83：3369-3381.

[100] Salgado C S，Pennings S C. Latitudinal variation in palatability of salt-marsh plants：are differences constitutive？ [J]. Ecology，2005，86：1571-1579.

[101] Chambers R M. Porewater chemistry associated with Phragmites and Spartina in a Connecticut tidal marsh [J]. Wetlands，1997，17：360-367.

[102] Wijnen H J V，Bakker J P. Nitrogen and phosphorus limitation in a coastal barrier salt marsh：the implications for vegetation succession [J]. Journal of Ecology，1999，87：265-272.

[103] Foret J D. Nutrient limitation of tidal marshes on the Chenier Plain，Louisiana [D]. Ph.D. Dissertation. Lafayette，Louisiana：University of Louisiana，2001.

[104] Turner R E，Rabalais N N. Coastal eutrophication near the Mississippi River Delta [J]. Nature，1994，368：619-621.

[105] Nixon S W. Coastal marine eutrophication-a definition，social causes，and future concerns [J]. Ophelia，1995，41：199-219.

[106] Valiela I，Foreman K，Lamontagne M，et al. Couplings of watersheds and coastal waters-sources and consequences of nutrient enrichment in Waquoit Bay，Massachusetts [J]. Estuaries，1992，15：443-457.

[107] Brewer J S，Levine J M，Bertness M D. Effects of biomass removal and elevation on species richness in

a New England salt marsh [J]. Oikos，1997，80：333-341.

[108] Brown C E，Pezeshki S R，DeLaune R D. The effects of salinity and soil drying on nutrient uptake and growth of Spartina alterniflora in a simulated tidal system [J]. Environmental and Experimental Botany，2006，58：140-148.

[109] Ewanchuk P J，Bertness M D. The role of waterlogging in maintaining forb pannes in northern New England salt marshes. Ecology，2004，85：1568-1574.

[110] Morris J T. The nitrogen uptake kinetics of Spartina alterniflora in culture [J]. Ecology，1980，61：1114-1121.

[111] Bradley P M，Morris J T. Influence of oxygen and sulfide concentration on nitrogen uptake kinetics in Spartina alterniflora [J]. Ecology，1990，71：282-287.

[112] Chambers R M，Mozdzer T J，Ambrose J C. Effects of salinity and sulfide on the distribution of Phragmites australis and Spartina alterniflora in a tidal saltmarsh [J]. Aquatic Botany，1998，62：161-169.

[113] 王卿，安树青，马志军，等. 入侵植物互花米草——生物学、生态学及管理 [J]. 植物分类学报，2006，44：559-588.

[114] Mendelssohn I A，Postek M T. Elemental analysis of deposits on the roots of Spartina alterniflora Loisel [J]. American Journal of Botany，1982，22：904-912.

[115] Bertness M D. Interspecific interactions among high marsh perennials in a New England salt marsh [J]. Ecology，1991b，72：125-137.

[116] Davis H G，Taylor C M，Civille J C，et al. An Allee effect at the front of a plant invasion：Spartina in a Pacific estuary[J]. Journal of Ecology，2004a，92：321-327.

[117] Davis H G，Taylor C M，Lambrinos J G，et al. Pollen limitation causes an Allee effect in a wind-pollinated invasive grass（Spartina alterniflora）[J]. Proceedings of the National Academy of Sciences，USA，2004b，101：13804-13807.

[118] Taylor C M，Davis H G，Civille J C，et al. Consequences of an Allee effect in the invasion of a pacific estuary by Spartina alterniflora [J]. Ecology，2004，85：3254-3266.

[119] Kennedy C W，Bruno J F. Restriction of the upper distribution of New England cobble beach plants by wave-related disturbance [J]. Journal of Ecology，2000，88：856-868.

[120] Koppel J V D，Altieri A H，Silliman B R，et al. Scale-dependent interactions and community structure

on cobble beaches [J]. Ecology Letters，2006，9：45-50.

[121] Silliman B R，Layman C A，Geyer K，et al. Predation by the black-clawed mud crab，Panopeus herbstii，in Mid-Atlantic salt marshes：further evidence for top-down control of marsh grass production [J]. Estuaries，2004，27：188-196.

[122] Daehler C C，Strong D R. Reduced herbivore resistance in introduced smooth cordgrass（Spartina alterniflora）after a century of herbivore-free growth [J]. Oecologia，1997，110：99-108.

[123] Furbish C E，Albano M. Selective herbivory and plant community structure in a Mid-Atlantic saltmarsh [J]. Ecology，1994，75：1015-1022.

[124] Bertness M D，Ellison A M. Determinants of pattern in a New England salt marsh community [J]. 1987，57：129-147.

[125] Fisher A J，DiTomaso J M，Gordon T R. Intraspecific groups of Claviceps purpurea associated with grass species in Willapa Bay，Washington，and the prospects for biological control of invasive Spartina alterniflora [J]. Biological Control，2005，34：170-179.

[126] Tyler A C，Mastronicola T A，McGlathery K J. Nitrogen fixation and nitrogen limitation of primary production along a natural marsh chronosequence [J]. Oecologia，2003，136：431-438.

[127] Khan A G，Belik M. Occurrence and Ecological Significance of *Mycorrhizal Symbiosis* in Aquatic Plants [M]. Berlin：Springer-Verlag，1995.

[128] McHugh J M，Dighton J. Influence of mycorrhizal，inoculation，inundation period，salinity，and phosphorus availability on the growth of two salt marsh grasses，*Spartina alterniflora* Lois. and *Spartina cynosuroides*（L.）Roth.，in nursery systems [J]. Restoration Ecology，2004，12：533-545.

[129] Huckle J M，Marrs R H，Potter J A. Interspecific and intraspecific interactions between salt marsh plants：integrating the effects of environmental factors and density on plant performance [J]. Oikos，2002，96：307-319.

[130] 李小文，刘素红. 遥感原理与应用[M]. 北京：科学出版社，2008.

[131] Teillet P M，N. El Saleous，Hansen M C，et al. An evaluation of the global 1-km AVHRR land data set[J]. International Journal of Remote Sensing，2000，21：1987-2021.

[132] 江洪，马克平，张艳丽，等. 基于空间分析的保护生物学研究[J]. 植物生态学报，2004，28：562-578.

[133] 刘纪远，庄大方，凌扬荣. 基于 GIS 的中国东北植被的分类研究[J]. 遥感学报，1998，2（4）：285-291.

[134] Schmidt K S，Skidmore A K. Spectral discrimination of vegetation types in coastal wetland[J]. Remote

Sensing of Environment，2003，85：92-108.

[135] 杨存建，刘纪远，骆剑承. 不同龄组的热带森林植被生物量与遥感地学数据之间的相关性分析[J]. 植物生态学报，2004，28（6）：862-867.

[136] Lyon J，Yuan D，Lunetta R，et al. A change detection experiment using vegetation indices[J]. Photogrammetric Engineering and Remote Sensing，1998，64：143-150.

[137] Munyati C. Wetland change detection on the Kafue Flats，Zambia，by classification of a mufti-temporal remote sensing image dataset[J]. International Journal of Remote Sensing，2000，21（9）：1781-1806.

[138] Townsend P A. Estimating forest structure in wetlands using multemporal SAR[J]. Remote Sensing of Environment，2002，79（2）：288-304.

[139] Phillips R L，Beeri O，DeKeyser E S. Remote wetland assessment for Missouri coteau prairie glacial basins[J]. Wetlands，2005，25（2）：335-349.

[140] Kaiser M F. Environmental changes，remote sensing，and infrastructure development：The case of Egypt's East Port Said harbour[J]. Applied Geography，2009，29：280-288.

[141] Salovaara K J，Thessler S，Malik R N et al. Classification of Amazonian primary rain forest vegetation using Landsat ETM plus satellite imagery[J]. Remote Sensing of Environment，2005，97（1）：39-51.

[142] Ledous L，Cornell S，O'Riordan T，et al. Towards sustainable flood and coastal　management：identifying drivers of，and obstacles to，managed realignment[J]. Land Use Policy，2005（22）：129-144.

[143] 彭建，王仰麟. 我国沿海滩涂景观生态初步研究[J]. 地理研究，2000，19（3）：249-256.

[144] 叶庆华，田国良，刘高焕，等. 黄河三角洲新生湿地土地覆被图谱[J]. 地理研究，2004，23（2）：257-265.

[145] 高占国，张利权. 上海盐沼植被多季相光谱特征识别[J]. 生态学报，2006，26（3）：793-800.

[146] 郑宗生，周云轩，刘志国，等. 基于水动力模型及遥感水边线方法的潮滩高程反演[J]. 长江流域资源与环境，2008，17（5）：756-760.

[147] 李贺鹏，张利权，王东辉. 上海地区外来种互花米草的分布现状[J]. 生物多样性，2006，14（2）：114-120.

[148] 上海市环境保护局. 上海市 2010 年自然保护区调查调查报告[R]. 上海：上海市环境科学研究院，2010.

[149] 黄华梅，张利权，高占国. 上海滩涂植被资源遥感分析[J]. 生态学报，2005，25（10）：2686-2693.

[150] 王卿. 长江口盐沼植物群落分布动态及互花米草入侵的影响[D]. 上海：复旦大学，2007.

[151]徐宏发，赵云龙. 上海市崇明东滩鸟类自然保护区科学考察集[M]. 北京：中国林业出版社，2005.

[152]Zhao B，Kreuterb U，Li B，et al. An ecosystem service value assessment of land-use change on Chongming Island，China[J]. Land Use Policy，2004，21：139-148.

[153]陈吉余，程和琴，戴志军. 滩涂湿地利用与保护的协调发展探讨[J]. 中国工程科学，2007，9（6）：11-17.

[154]陈吉余. 从事河口海岸研究五十五年论文集[C]. 上海：华东师范大学出版社，2000.

[155]李九发，万新宁，陈小华，等. 上海滩涂后备土地资源及其可持续开发途径[J]. 长江流域资源与环境，2003，12（1）：17-22.

[156]陈吉余，沈焕庭，恽才兴，等. 长江河口动力过程和动力地貌演变[M]. 上海：上海科学技术出版社，1988.

[157]李九发，戴志军，应铭，等. 上海市沿海滩涂土地资源圈围与潮滩发育演变分析[J]. 自然资源学报，2007，22（3）：361-371.

[158]陈沈良，谷国传，虞志英. 长江口南汇东滩淤涨演变分析[J]. 长江流域资源与环境，2002，11（3）：239-244.

[159]茅志昌，李九发，吴华林. 上海市滩涂促淤圈围研究[J]. 泥沙研究，2003，2：77-81.

[160]杨世伦，杜景龙，邹昂，等. 近半个世纪长江口九段沙湿地的冲淤演变[J]. 地理科学，2006，26（3）：335-340.

[161]许世远，俞立中. 上海滨岸带资源环境结构与调控研究报告[R]. 上海：华东师范大学，2000.

[162]陈业裕，黄昌发. 应用地貌学[M]. 上海：华东师范大学出版社，1994.

[163]《上海市水利志》编撰委员会. 上海市水利志[M]. 上海：上海社会科学院出版社，1997.

[164]余绍达. 上海市围垦四十年[M]. 上海水利，1989，（3）：1-44.

[165]祝卫祯. 围垦造地三十载-盐碱荒滩变粮田[N]. 上海商报，1999.

[166]陈满荣，韩晓非，刘水芹. 上海市围海造地效应分析与海岸带可持续发展[J]. 中国软科学，2000，11：115-120.

[167]唐承佳，陆健健. 长江口九段沙湿地原生植被的保护及开发利用[J]. 上海环境科学，2002，21：210-259.

[168]欧善华，方永鑫，沈光华.海三棱藨草在上海滩涂分布规律的环境因子分析及生产量的研究[J]. 上海师范大学学报（自然科学版），1992a，增刊：10-22.

[169]欧善华，方永翁，周根余. 海三棱藨草种子萌发条件的初步研究[J]. 上海师范大学学报（自然科学版），1992b，增刊：23-27.

[170] 陈中义. 互花米草入侵国际重要湿地崇明东滩的生态后果[D]. 上海：复旦大学，2004.

[171] 复旦大学. 上海主要滩涂湿地生态服务功能评价与保护对策研究报告[R]. 上海：复旦大学，2010.

[172] 黄华梅，张利权. 上海九段沙互花米草种群动态遥感研究[J]. 植物生态学报，2007，31（1）：75-82.

[173] 黄华梅，张利权，袁琳. 明东滩自然保护区盐沼植被的时空动态[J]. 生态学报，2007，27（10）：4166-4172.

[174] Wang Q，Wang C H，Zhao B，et al. Effects of growing conditions on the growth of and interactions between salt marsh plants：implications for invasibility of habitats[J]. Biological Invasions，2006，8：1547-1560.

[175] 黄华梅. 上海滩涂盐沼植被的分布格局和时空动态研究[D]. 上海：华东师范大学，2009.

[176] 苏敬华. 崇明岛生态系统服务功能价值评估[D]. 上海：东华大学，2008.

[177] Schulze E D，Mooney H. Biodiversity and ecosystem function[M]. Berlin：Springer-Verlag，1993.

[178] 叶属峰，黄秀清. 东海赤潮及其监视监测[J]. 海洋环境科学，2003，22（2）：10-14.

[179] 叶属峰，纪焕红，曹恋，等. 长江口海域赤潮成因及其防治对策[J]. 海洋科学，2004，28（5）：26-32.

[180] 周凡. 赤潮的成因、危害及治理[J]. 生物学教学，2004，29（1）：1-3.

[181] 上海市房屋土地资源管理局. 上海市土地利用总体规划（1997—2010）[R]. 上海，1999.

[182] 张宏锋，欧阳志云，郑华. 生态系统服务功能的空间尺度特征[J]. 生态学杂志，2007，26（9）：1432-1437.

[183] 刘力. 可持续发展与城市生态系统物质循环理论研究[R]. 长春：东北师范大学，2002：40-44.

[184] Milligan J，O'Riordan T，Nicholson-Cole S A，et al. Nature conservation for future sustainable shorelines：lessons from seeking to imvolve the public[J]. Land Use Policy，2009，（26）：203-213.

[185] 仲崇信，钦佩. 水培大米草吸引汞及其净化环境作用的探讨[J]. 海洋科学，1983，7（2）：6-10.

[186] 曹东，王金南. 中国污染工业经济学[M]. 北京：中国环境科学出版社，1999.

[187] 肖笃宁，胡远满，李秀珍. 环渤海三角洲湿地的景观生态学研究[M]. 北京：科学出版社，2001.

[188] 赵平，夏冬平，王天厚. 上海市崇明东滩湿地生态恢复与重建工程中社会经济价值分析[J]. 生态学杂志，2005，24（1）：75-78.

[189] 苏铁. 上海市九段沙湿地的生态系统服务价值及其保护与开发前景的研究[D]. 上海：华东师范大学，2007.

[190] 陈仲新，张新时. 中国生态系统效益的价值[J]. 科学通报，2000，45（1）：17-22.

[191] 林福柏. 福建沿海城市生态安全评价研究[D]. 厦门：厦门大学，2009.

[192] 唐宪. 基于 PSR 框架的森林生态系统完整性评价研究[D]. 长沙：中南林业科技大学，2010.

[193] 戴娟娟. 高速公路环境可持续发展指标体系研究[D]. 上海：同济大学，2007.

[194] 颜利，王金坑，黄浩. 基于 PSR 框架模型的东溪流域生态系统健康评价[J]. 资源科学，2008，30（1）：107-113.

[195] 史可庆. 基于 PSR 框架模型的南四湖健康评价[J]. 山东国土资源，2011，27（6）：23-26.

[196] 塔娜. 基于 PSR 模型的土地利用规划实施评价研究[D]. 武汉：华中农业大学，2007.

[197] 俞立平，潘云涛，武夷山. 学术期刊综合评价数据标准化方法研究[J]. 图书情报工作，2009，63（53）：136-139.

[198] 刘喜韬，鲍艳，胡振琪，等. 闭矿后矿区土地复垦生态安全评价研究[J]. 农业工程学报，2007，8：102-106.

[199] 闫文周，顾连胜. 熵权决策法在工程评价中的应用[J]. 西安建筑科技大学学报，2004，36（1）：98-100.

[200] 邱菀华. 管理决策与应用熵学[M]. 北京：机械工业出版社，2001.

[201] 许文杰，许士国. 湖泊生态系统健康评价的熵权综合健康指数法[J]. 水土保持研究，2007，14（4）：66-71.

[202] 欧阳志云，王效科，苗鸿. 中国生态环境敏感性及其区域差异规律研究[J]. 生态学报，2000，20（1）：9-12.

[203] Rossi P，Pecci A，Amadio V，et al. Coupling indicatorso fecological value and ecological sensitivity with indicapors of demographic pressure in the demarcation of new areas to be protected：The case of the Oltrepo Paveseand the Ligurian Emilian Apennine area（Itlay）[J]. Landscape and Urban Planning，2008，85：12-26.

[204] Nilsson C N，Grelsson G. The fragility of ecosystems：A review[J]. Journal of Aplied Ecology，1995，32：677-692.

附　录

附表 1　上海重点滩涂名录

等级	名称	地理位置	面积*	保护价值
I 级重点滩涂	崇明东滩	崇明岛东端，南起奚家港，北至北八滧港	105.78 km²	迁徙鸟类的重要栖息地，国家级鸟类保护区、国际重要湿地，多种保护动物栖息，生物多样性丰富
	九段沙	长江南支，浦东机场以东 11 km	74.79 km²	迁徙鸟类的重要栖息地，国家级湿地保护区，多种保护动物栖息，生物多样性丰富
	南汇边滩	三甲港以南至芦潮港，绝大部分已被圈围	约 130 km²	已圈围区域内鸟类种群数量已达到国际重要湿地标准，生物多样性丰富，但人为干扰强烈，亟待保护
II 级重点滩涂	崇明北滩	西起兴隆沙，东至北八滧，部分已被圈围	约 75 km²	鸟类种群较大，生物多样性较丰富
	青草沙、中央沙	长兴岛西端圈围区域，全部已被圈围	约 26 km²	水源保护区
	东风西沙	崇明岛西部明珠湖以南，部分已被圈围	约 20 km²	水源保护区

注：* 表示面积为高程 1 m 以上的未圈围滩涂与已圈围但与尚未开发利用的区域面积之和。

附表 2 上海滩涂湿地底栖动物名录

门	纲	种名
环节动物门	多毛纲	沙蚕类
		丝异蚓虫
		背蚓虫
软体动物门	腹足纲	光滑狭口螺
		拟沼螺
		绯拟沼螺
		尖锥拟蟹守螺
		中华拟蟹守螺
		纵肋织纹螺
		泥螺
	双壳纲	厚壳贻贝
		河蚬
		彩虹明樱蛤
		黑龙江河篮蛤
节肢动物门	昆虫纲	昆虫幼虫
	软甲纲	秀丽白虾
		日本沼虾
		豆形拳蟹
		侧足厚蟹
		天津厚蟹
		红螯螳臂相手蟹
脊索动物门	硬骨鱼纲	大弹涂鱼

附表 3　上海滩涂湿地浮游植物名录

门	属	种名
硅藻门	波纹藻属	冬季椭圆波纹藻
	脆杆藻属	钝脆杆藻
		绿脆杆藻
		中型脆杆藻
	短棘藻属	矮小短棘藻
	峨眉藻属	弧形娥眉藻
	辐节藻属	短小辐节藻
		双头辐节藻
	根管藻属	透明根管藻
		翼根管藻印度变型
		中华根管藻
	骨条藻属	中肋骨条藻
	冠盖藻属	掌状冠盖藻
	海链藻属	圆海链藻
	海毛藻属	长海毛藻
	尖头藻属	弯形尖头藻
	角管藻属	大洋角管藻
	角毛藻属	双脊角毛藻
	井字藻属	柔弱井字藻
	菱形藻属	长菱形藻
		粗壮菱形藻
		谷皮菱形藻
		尖刺伪菱形藻
		菱形藻
		琴式菱形藻

门	属	种名
硅藻门	菱形藻属	柔弱菱形藻
		细齿菱形藻
		线形菱形藻
		小头菱形藻
		新月菱形藻
		针状菱形藻
	卵形藻属	扁圆卵形藻
		何氏卵形藻
	缪氏藻属	膜状缪氏藻
	平板藻属	双生平板藻
	桥弯藻属	极小桥弯藻
		偏肿桥弯藻
		箱形桥弯藻
		胀大桥弯藻
	曲壳藻属	短柄曲壳藻
		短小曲壳藻
		披针曲壳藻
		优美曲壳藻
	双壁藻属	蜂腰双壁藻
	双缝藻属	尖双缝藻
	双菱藻属	粗壮双菱藻
		加氏双菱藻
		卵形双菱藻
		双菱藻
		线形双菱藻
		针状菱形藻
	双眉藻属	卵圆双眉藻
		双眉藻

门	属	种名
硅藻门	四棘藻属	扎卡四棘藻
	细柱藻属	丹麦细柱藻
	小环藻属	广缘小环藻
		梅尼小环藻
	小球藻属	库氏小环藻
	楔形藻属	短楔形藻
	新月藻属	灯芯新月藻
		美丽新月藻
	异级藻属	微细异极藻
		纤细异极藻
	羽纹藻属	北方羽纹藻
		弯羽纹藻线形变种
		细条羽纹藻
		羽纹藻
	圆筛藻属	格氏圆筛藻
		圆筛藻属
		中心圆筛藻
	栅藻属	柱状栅列藻
	针杆藻属	尺骨针杆藻
		尖针杆藻
		近缘针杆藻
		双头针杆藻
		肘状针杆藻
	直链藻属	变异直链藻
		颗粒直链藻
		螺旋颗粒直链藻
		模糊直链藻
		狭形颗粒直链藻

门	属	种名
硅藻门	舟形藻属	扁圆舟形藻
		端尖曲舟藻
		短小舟形藻
		海洋曲舟藻
		何氏卵形藻
		喙头舟形藻
		简单舟形藻
		曲舟藻
		凸出舟形藻
		小头舟形藻
		隐头舟形藻
		最小舟形藻
甲藻门	多甲藻属	盾形多甲藻
		二角多甲藻
蓝藻门	棒膜藻属	线形棒膜藻
	颤藻属	简单颤藻
		巨颤藻
		绿色颤藻
		泥生颤藻
		弱细颤藻
		珊瑚颤藻
		铜色颤藻
		细微颤藻
	尖头藻属	弯形尖头藻
	胶鞘藻属	法氏胶鞘藻
		细胶鞘藻
		黏液胶鞘藻

门	属	种名
蓝藻门	胶球藻属	池生胶球藻
	蓝纤维藻属	针状蓝纤维藻
	螺旋藻属	钝顶螺旋藻
	平裂藻属	微小平裂藻
		细小平裂藻
	色球藻属	小形色球藻
	微囊藻属	铜绿微囊藻
	鱼腥藻属	卷曲鱼腥藻
		类颤藻鱼腥藻
绿藻门	弓形藻属	拟菱形弓形藻
	鼓藻属	颗粒鼓藻
		圆形鼓藻
	集星藻属	集星藻
	壳衣藻属	透镜壳衣藻
	空球藻属	空球藻
	空星藻属	小空星藻
	链丝藻属	链丝藻
	卵囊藻属	波吉卵囊藻
		单生卵囊藻
		椭圆卵囊藻
	盘星藻属	单角盘星藻
		单角盘星藻具孔变种
		双射盘星藻
		四胞盘星藻
	十字藻属	窗形十字藻
		华美十字藻
		四角十字藻

门	属	种名
绿藻门	十字藻属	四足十字藻
		直角十字藻
	实球藻属	实球藻
	双毛藻属	具刺双毛藻
	丝藻属	链丝藻
	四角藻属	具尾四角藻
		三角四角藻
		三叶四角藻
		微小四角藻
	四星藻属	十字四星藻
	蹄形藻属	蹄形藻
	韦丝藻属	韦丝藻
	纤维藻属	尖镰形纤维藻
		卷曲纤维藻
		镰形纤维藻
		狭形纤维藻
		针形纤维藻
	小球藻属	小球藻
	新月藻属	灯芯新月藻
		库氏新月藻
		细新月藻
	衣藻属	洞孔衣藻
		球衣藻
		斯诺衣藻
		突变衣藻
	异极藻属	纤细异极藻
	月牙藻属	毕氏月牙藻

门	属	种名
绿藻门	栅藻属	齿牙栅藻
		二形栅藻
		裂孔栅藻
		四尾栅藻
		柱状栅列藻
裸藻门	扁裸藻属	长尾扁裸藻
		沟状扁裸藻
		梨形扁裸藻
		扭曲扁裸藻
	变胞藻属	尾变胞藻
	裸藻属	多形裸藻
		棘刺囊裸藻
		尖尾裸藻
		梭形裸藻
		尾裸藻
		纤细裸藻
		易变裸藻
		中型裸藻
	囊裸藻属	克氏囊裸藻
		佩刀囊裸藻
	陀螺藻属	糙膜陀螺藻
隐藻门	蓝隐藻属	尖尾蓝隐藻
	隐藻属	倒卵形隐藻
		啮蚀隐藻
		吻状隐藻

附表 4　上海滩涂湿地浮游动物名录

门类	属（目）	种名
轮虫	臂尾轮虫属	角突臂尾轮虫
		裂足臂尾轮虫
	龟甲轮虫属	曲腿龟甲轮虫
	水轮虫属	椎尾水轮虫
	旋轮虫属	红眼旋轮虫
	异尾轮虫属	二突异尾轮虫
	轮虫属	转轮虫
桡足类	剑水蚤目	短刺近剑水蚤
		棘尾刺剑水蚤
		广布中剑水蚤
		台湾温剑水蚤
		爪哇小剑水蚤
	哲水蚤目	球状许水蚤
		汤匙华哲水蚤
枝角类	象鼻溞属	柯氏象鼻溞
		象鼻溞
原生动物门	晶晛虫属	团晶晛虫
其他微型动物	其他	水熊

附表 5　上海滩涂湿地植物名录

	科名	属名	种名
双子叶植物	藜科	碱蓬属	碱蓬
	苋科	莲子草属	喜旱莲子草
	蔷薇科	委陵菜属	委陵菜
	蓼科	蓼属	水蓼
	菊科	旋覆花属	旋覆花
		马兰属	马兰
		醴肠属	醴肠
		一枝黄花属	加拿大一枝黄花
		碱菀属	碱菀
单子叶植物	香蒲科	香蒲属	狭叶香蒲
	禾本科	看麦娘属	看麦娘
		穇属	牛筋草
		束尾草属	单穗束尾草
		芦苇属	芦苇
		早熟禾属	早熟禾
		米草属	互花米草
	泽泻科	菰属	菰
		慈姑属	慈姑
	莎草科	莎草属	水莎草
		苔属	糙叶苔草
		水蜈蚣属	水蜈蚣
		藨草属	藨草
			海三棱藨草
			水葱
	鸭跖草科	鸭跖草属	鸭跖草